FRUITS

Conception graphique et mise en pages : Alice Leroy
Collaboration rédactionnelle : Estérelle Payany

Coordination FERRANDI Paris : Audrey Janet
Chefs pâtissiers FERRANDI Paris : Marc Alès (MOF 2000),
Georges Benard et Carlos Cerqueira
Étudiants FERRANDI Paris : Noura Abou-Zeid,
Laëtitia Collardey, Amine El Makoudi, Liangya Lin,
Margot Masson, Laurine Petiteau, Zihan Zeng

Édition : Clélia Ozier-Lafontaine
Relecture : Sylvie Rouge-Pullon
Fabrication : Christelle Lemonnier
Photogravure : IGS-CP L'Isle d'Espagnac

페랑디 과일
1판 1쇄 발행일 2023년 5월 5일
페랑디 학교 펴냄
사   진 : 리나 누라
번   역 : 강현정
발행인 : 김문영
펴낸곳 : 시트롱 마카롱
등   록 : 제2014-000153호
주   소 : 경기도 파주시 책향기로 320, 2-206
페이지 : www.facebook.com/citronmacaron @citronmacaron
이메일 : macaron2000@daum.net
ISBN : 979-11-978789-4-7 03590

FERRANDI
PARIS

페랑디 과일

세계 최고 요리학교의
레시피와 테크닉

번역 강현정 ┃ 사진 리나 누라(Rina Nurra)

CITRON MACARON

책을 펴내며

파리 페랑디 학교가 미식 문화 전 분야에 관한 과정을 교육하게 된 지 100년이라는 시간이 지났습니다. 정확한 내용과 높은 완성도는 물론이고 특히 미각을 자극하는 훌륭한 레시피들로 큰 성공을 거둔 교본 **페랑디 요리 수업**, **페랑디 파티스리**에 이어 우리 학교는 초콜릿이나 채소와 같은 특정 주제에 대한 방대한 지식과 기술을 소개하는 책을 출간하기도 했습니다. 이번에 펴내는 책에서는 짭짤한 요리뿐 아니라 달콤한 디저트에서 활용할 수 있는 다양한 종류의 과일을 다루고 있습니다.

사과, 배, 딸기, 키위, 바나나, 리치, 타마릴로 등 전 세계 과수원에서 재배되는 과일은 저마다의 다양한 맛과 형태, 향을 지니고 있습니다. 중세 시대부터 쾌락의 동의어가 된 과일은 디저트에 고유의 풍미를 더하며 식사를 맛있게 마무리할 뿐 아니라, 여러 일반 요리에도 스며들어 맛의 대비를 통한 완성도를 높여줍니다. 과일의 이러한 다양성은 요리사와 파티시에들에게 무한한 영감의 원천이 됩니다.

페랑디 학교 교육 철학의 중심에는 전통적인 노하우를 전수하는 동시에 창의적인 혁신을 지향한다는 기본 목표가 있습니다. 전통과 혁신이라는 두 목표의 균형은 우리 학교의 독보적인 강점이라 할 수 있는 관련 업계와의 긴밀한 연계 덕택에 조화롭게 이루어지고 있으며, 이로 인해 페랑디는 오늘날 전 세계에서 모범적인 기준으로 손꼽히는 요리학교로 우뚝 서게 되었습니다. 이 책에서는 단순히 레시피뿐 아니라 과일이라는 매력적인 주제를 좀 더 깊이 탐색하고 활용하고자 하는 전문가들은 물론이고 가정에서 이를 즐기기 원하는 일반 애호가들에게 유용하게 다가갈 수 있는 많은 기본 테크닉과 정확한 조언 등을 알차게 소개하고 있습니다.

이 책이 나오기까지 열정을 갖고 도움을 주신 **페랑디 학교** 담당자 여러분, 특히 책 출간 과정을 꼼꼼하게 진행해준 코디네이터 오드리 자네(Audrey Janet), 그리고 자신들의 노하우를 전수해주고, 고유의 기술에 창의성에 접목하여 과일이라는 세계의 풍부한 미식적 가능성을 보여준 마크 알레스(Marc Alès, MOF 2000), 조르주 베나르(Georges Benard), 카를로스 세르케이라(Carlos Cerqueira) 등을 비롯한 파티스리 셰프들에게 깊은 감사를 전합니다.

브뤼노 드 몽트(Bruno de Monte)
에콜 페랑디 파리 교장

목차

개요

FERRANDI Paris
페랑디 학교 소개

페랑디 파리는 요리, 파티스리, 레스토랑 운영 및 개발을 위한 인재 양성을 교육의 목표로 삼고 있으며 이를 통해 배출된 졸업생들은 프랑스뿐 아니라 해외의 조리업계 및 외식 경영 분야의 전문가로서 우수한 기량을 발휘하고 있습니다. 각종 언론매체로부터 '미식 교육계의 하버드'라는 평가를 받고 있는 **페랑디 파리**는 무엇보다도 이 직업군의 모든 지식과 노하우가 총집결되어 있는 프랑스의 최정상급 요리, 레스토랑 경영학교입니다. 파리 중심 생제르맹 데 프레 지역에 위치한 본교 및 보르도, 이어서 렌과 디종에 개설된 캠퍼스를 아우르는 페랑디 학교는 외식 경영, 요리, 제빵, 제과, 호텔 매니지먼트 분야의 CAP(직업적성자격증)부터 전공 석사 과정(Master Spécialisé bac +6)은 물론 해외 학생들을 위한 국제부 프로그램까지 포함한 총괄적 교과과정을 갖춘 프랑스의 유일한 요리 교육 기관입니다. 특히 현장에서 익히는 실습에 기반을 둔 효율적인 교육 방식을 채택하고 있으며 그 결과는 이 분야의 자격증 취득률로는 프랑스 최고 수준인 98%라는 놀라운 합격률로 증명되고 있습니다.

개교 100주년을 맞이한 **페랑디 파리**는 파리 일 드 프랑스(Paris-Île-de-France) 상공회의소에 소속된 교육 기관으로 수 세대에 걸쳐 미식적 독보성과 혁신가로서의 재능으로 주목을 받는 셰프들 및 레스토랑 경영인들과 밀접한 연계를 유지해오고 있습니다. 언제 어디서나 최고를 지향하는 페랑디 학교는 기본 지식과 기술 학습, 새로운 혁신 능력, 경영 및 기업 역량 획득, 직업 현장에서의 실습을 기본 축으로 하는 교육에 중점을 두고 있습니다.

전문 업계와의 긴밀한 연계
요리와 외식 경영, 예술, 과학, 테크놀로지와 혁신이 공존하는 환경에서 이에 관한 지식을 습득하고 영감을 얻으며 아이디어를 교환하는 학습의 장인 **페랑디 파리**는 외식업계의 발전과 요리의 창의성에 대해 고민하는 저명한 인사들과 긴밀한 연계를 맺고 있습니다. 페랑디 학교에서는 매년 2,200명에 달하는 실습생과 학생들이 다양한 과정을 수강하고 있으며 30개 이상의 국가에서 온 약 300여 명의 해외 학생들이 국제부 프로그램에 참여하고 있습니다. 또한 직종 전환을 준비하는 일반인이나 평생교육 과정 신청자들의 숫자도 약 2,000명에 달하고 있습니다.

이들의 교육을 담당하는 100여 명의 교수진은 이미 프랑스 국내 또는 해외의 유수 기업 또는 업장에서 최소 10년 이상의 경력을 쌓은 최고 수준의 전문가들로 이들 중 몇몇은 프랑스 국가 명장(MOF) 타이틀 소지자이며 다수의 수상 경력을 보유하

고 있습니다. 또한 ESCP 비즈니스 스쿨, AgroParis Tech(농업계열 그랑제콜), 프랑스 패션 인스티튜트(Institut Français de la Mode)와 파트너십을 맺고 있으며 해외의 협력 파트너인 미국 존슨 앤 웨일즈대학(Johnson & Wales Univ.), 홍콩 이공대학(Hong Kong Polytechnic Univ.), 캐나다 퀘벡 호텔 조리학교(ITHQ Canada), 중국 관광 전문학교 등을 통해 교육의 폭을 더욱 확장하고 있습니다. 이론과 실습은 분리될 수 없다는 신념하에 최고 수준의 교육을 지향하고 있는 **페랑디 파리**의 학생들은 프랑스 요리 명인 협회(Maîtres cuisiniers de France), 프랑스 국가 명장 연합(Société des Meilleurs Ouvriers de France), 유럽 요리사 협회(Euro-Toques) 등 요리 업계를 대표하는 전문가 단체들과도 활발한 교류를 이어나가고 있으며, 이들 단체에서 주최하는 다양한 교내 경연 대회나 이벤트에 적극 참여하여 실력과 기량을 발휘하고 있습니다. 또한 프랑스 문화를 전 세계에 홍보하는 앰배서더 역할을 톡톡히 하고 있는 **페랑디 파리**는 프랑스의 여러 관광 공사 및 협회(Conseil interministériel du Tourisme, Comité stratégique d'Atout France, Conférence des formations d'excellence au Tourisme)의 회원으로 가입되어 있으며 매년 점점 더 많은 해외 학생들을 유치하고 있습니다.

다양한 방식의 지식 전수
실습 교육 및 업계 현장 전문가들과의 긴밀한 협업에 기반을 둔 **페랑디 파리**의 지식 및 기술 전수는 이미 **페랑디 요리 수업**과 **페랑디 파티스리**라는 두 권의 교본을 통해 많은 사람에게 제공된 바 있습니다. 여러 언어로 번역되었으며 높은 판매부수를 기록한 이 책들은 요리업계 실무자 및 전공자들뿐 아니라 일반 대중에게도 큰 관심을 끌었고 이후 보다 특정한 분야를 다루는 서적 기획의 포문을 열어주었습니다. 이어서 **페랑디 초콜릿**과 **페랑디 채소**에 뒤이어 이번에는 과일이라는 주제를 다루게 되었습니다.

영감을 주는 다채로운 향기, 과일
프랑스 내에서 생산되는 과일(사과, 배, 딸기, 살구 등)뿐 아니라 이국적인 수입 과일(바나나, 파인애플, 리치 등)은 모두 다양한 모양과 색깔, 향으로 우리의 오감을 기분 좋게 자극합니다. 과일을 이용한 잼이나 타르트, 케이크와 같은 전통적인 조리 방식은 물론이고 이제는 세계 각지에서 다양한 방식으로 과일이 요리나 디저트에 사용되고 있습니다. 일본식 찹쌀떡, 호주의 파블로바, 이탈리아의 그라니타 등은 과일이 우리에게 보여줄 수 있는 맛과 식감의 무한한 스펙트럼을 보여주고 있습니다. 이 책을 통해 **페랑디 파리**의 셰프들은 과일과 견과류가 가진 무한한 가능성을 제시하고 모두에게 즐거움을 보장하는 레시피들을 제공함으로써 여러분들과 맛있는 모험을 함께 하고자 합니다.

과일의 기초
LES FONDAMENTAUX
DES FRUITS

과일이란 무엇인가?

'채소'라는 단어와 달리 '과일 또는 과실(열매)'은 실제로 식물학적 용어이다. 라루스 사전에서는 "수정이 이루어진 배젖이 성숙하여 씨를 포함하게 된 후 그 씨방이 자라 이루어진 식물의 기관"으로 정의하고 있다. 하지만 동일 사전에서 이 단어는 또 "몇몇 식물의, 일반적으로 단맛을 지니고 있는 식용 가능한 생산물"이라고도 소개되어 있다.

과일은 수분(受粉)이 이루어진 꽃으로부터 형성되며, 핵과류(drupes 망고, 체리, 복숭아 등), 장과류(berries 아보카도, 블루베리, 포도, 토마토 등), 깍지류(pods 완두, 줄기콩, 땅콩 등) 및 꼬투리류(capsules), 수과류(瘦果 akenes) 등 다양한 모양을 하고 있다. 식물학적으로 과일(과실)이라 불리는 것이 언제나 우리가 먹는 과일과 일치하는 것은 아니다. 예를 들어 딸기의 경우 진짜 열매 부분인 과실은 우리가 먹는 살(실제로는 꽃받침)에 붙은 수많은 작은 씨들이다. 채소 중에는 토마토, 주키니호박, 가지, 서양호박 등과 같이 식물학적으로 열매(과실)에 해당하는 것들도 있다. 또한, 유일하게 잎꼭지 부분을 과일처럼 먹는 루바브 등 몇몇 과일은 사실 채소로 볼 수 있다. 채소는 짭짤한 요리로, 과일은 달콤한 디저트로 소비된다는 구분은 고정관념일 뿐 다양한 예외가 존재한다. 멜론은 애피타이저로도, 디저트로도 먹을 수 있으며, 시트러스 과일은 샐러드에도 다양하게 쓰일 뿐 아니라 오렌지 소스 오리요리와 같은 전통 요리에도 사용된다. 식물학적 분류에 따른 과일과 요리에서 실제 사용되는 과일이 언제나 엄격하게 일치하는 것은 아니다. 이 책에서 우리는 요리의 관점에서 본 과일을 중점적으로 다루어보고자 한다.

다양한 과일의 유형

과일을 분류하는 가장 보편적인 방식은 과일의 모양과 질감에 따라 나누는 것으로, 이를 통해 같은 사용 유형끼리 쉽게 나누어 볼 수 있다. 이 책에서는 감귤류(오렌지, 레몬, 자몽 등), 핵과(체리, 자두, 복숭아 등), 속과 씨가 있는 과일(사과, 마르멜로, 배, 포도 등), 붉은 과일, 베리류(딸기, 블랙베리 등) 그리고 루바브(전통적으로 붉은 과일과 잘 어울려서 함께 사용하는 경우가 많다), 열대과일(파인애플, 망고, 바나나 등), 껍데기가 있는 너트류 및 건과일류(피스타치오, 헤이즐넛, 크랜베리, 건무화과 등) 등으로 분류한다. 또한, 수분이 특별히 많은 과일(포도, 복숭아, 멜론, 서양배 등), 전분이 많은 과일(밤, 바나나, 대추야자 등), 지방이 많은 과일(코코넛, 아몬드 등), 펙틴을 많이 함유한 과일(마르멜로, 시트러스 과일, 딸기 등) 등과 같이 과일의 구성 성분에 따른 분류도 가능하다. 이렇게 각기 다른 기준을 바탕으로 분류를 하다 보면 어떤 과일들은 여러 카테고리에 동시에 해당하는 경우도 있다. 한 예로 키위는 씨가 있는 과일이면서 식물학적으로는 장과에 속하고 오늘날처럼 북반구에서도 흔해지기 전까지는 오랫동안 열대과일로 여겨져왔다.

과일 재배의 다양한 유형

유기농 농법, 재래식 농법, 친환경 농법, 지속가능농법(permaculture), 집약농법, 온실 재배, 노지 재배 등 과일을 생산하는 방법은 여러 가지가 있으며 지구를 살리기 위한 성공적인 방식에 대해서는 많은 논쟁이 이어지고 있다.

요리사와 파티시에가 고려해야 할 가장 중요한 기준은 다음과 같다.

· **계절성** : 제철에 생산되는 과일은 더 좋은 맛을 보장할 수 있으며, 인공적으로 온도를 높여 익히는 데 필요한 에너지 비용을 절감할 수 있다.
· **신선도** : 산지와 소비자의 거리가 가까운 지역에서 생산된 과일은 더 높은 신선도를 보장할 수 있다. 수입된 열대과일의 경우는 이를 관리하기 쉽지 않다.
· **맛** : 과일의 맛과 풍미는 품종과 재배 방식에 따라 달라진다. 제철에 완숙한 상태에서 재배한 과일은 훨씬 맛이 좋다.
· **과일의 온전한 소비** : 껍질과 줄기 및 자투리 부분까지 모두 소비하기 위해서는 유기농이나 친환경 농법으로 재배한 과일을 고르는 것을 추천하며, 반드시 깨끗하게 씻은 후 섭취하는 것이 좋다.

과일 고르기

· **일반적으로 신선한 것일수록 맛도 좋다!** 신선한 과일은 흠집이

없고 색이 선명해야 하며 너무 단단하거나 무르지 않아야 한다. 종류에 따라 구매 후 집에서 후숙해야 하는 것들도 있는데 이런 과일들은 최적의 상태에서 먹을 수 있도록 신경 써서 관찰해야 한다. 신선한 과일이라고 언제나 반짝이고 매끈한 외형을 갖고 있는 것은 아니다. 자두나 포도의 경우, 껍질 표면이 하얀 막으로 덮여 있다는 것은 수확한 지 얼마 안 된다는 것을 의미한다. **껍데기가 있는 견과류는** 껍데기를 까지 않은 상태로 두어야 더 오래 보관할 수 있으며 산패로부터 보호할 수 있다. 가루, 얇게 저민 슬라이스, 칼아몬드 등의 형태로 판매되고 있는 아몬드, 헤이즐넛 등의 견과류는 보관 기간이 짧다. 진공 포장된 것을 고르는 것이 좋으며 가공된 날짜가 오래되지 않은 것으로 선택해야 한다.

과일 준비하기

과일은 먹기 전에 깨끗이 씻고 물기를 닦아 불순물이나 세균을 제거하는 것이 매우 중요하다. 단, 비타민의 손실을 막고 물기를 흡수하지 않도록 물에 오래 담가두지 않는 것이 좋다. 껍질을 벗기고 자른 다음에는 산화에 의한 갈변을 막기 위해 반드시 냉장 보관해야 하며 최대한 빨리 소비하는 것이 좋다.

주의 : 많은 과일(사과, 바나나, 배, 복숭아, 살구 등)이 일단 자르고 나면 급격히 갈변한다. 이러한 자연 산화를 막기 위해서는 가능하면 먹기 바로 전 준비하는 것을 추천하며, 레몬즙(레시피에 따라 식초 및 기타 시트러스 과일즙 사용 가능)을 뿌려두거나 설탕 시럽에 데쳐두는 것도 좋다. 과일을 썰 때는 균일한 크기로 맞추어야 고르게 익힐 수 있으며(p.50 다양한 썰기 방법 참조) 작게 자를수록 공기에 더 많이 노출되어 비타민과 무기질 손실이 더 커진다는 사실을 기억하자.

과일 익히기

대다수 과일은 생으로 또는 익혀서 먹는 것이 모두 가능하다. 하지만 마르멜로(유럽 모과의 일종)와 같이 단단한 질감의 과일은 반드시 익혀서 먹어야 한다. 복숭아, 살구, 사과, 서양배의 경우 몇몇 종류는 맛 또는 조리에 잘 견딜 수 있는 단단한 식감 때문에 익히거나 잼 등을 만들어 저장하는 방법이 선택되기도 한다. **과일을 너무 오래 가열해 익히면 비타민 등의 영양소 손실이 커진다.** 과일의 풍미와 영양학적 가치를 보존하기 위해서는 짧은 시간 조리하는 것이 좋다. 포칭하기, 굽기, 뭉근히 조리기 등 모든 종류의 익힘 방법이 이 책에 소개되어 있다(p.73 익히기 참조).

낭비 없이 전부 활용하기

식재료를 소중히 다룬다는 것은 쓰레기로 버리는 것 없이 온전히 사용한다는 것과 일맥상통한다. 우리는 흔히 과일의 일부분만을 소비하는 데 익숙해져 있지만 당장 사용하지 않는 것은 따로 두었다가 다른 방식으로 활용하는 습관을 들이는 게 좋다.

다음의 예를 참고해보자.

· **사과, 배 :** 과일 속 씨 부분과 껍질은 타르트의 글레이징용으로 적합한 즐레를 만드는 데 활용할 수 있다.

· **살구 :** 살구씨를 깨트려보면 그 안에서 약간 쓴맛을 지닌 아몬드 모양의 속 씨 행인(杏仁)을 발견할 수 있다. 이것은 미량의 아미그달린을 함유하고 있으므로 많이 먹으면 안 된다. 이 성분은 체내에 들어가면 우리가 일명 청산이라는 명칭으로 알고 있는 위험한 독성 물질인 시안화수소산으로 변화한다. 성인 기준 적어도 한 시간 이내에 이 살구 속 씨 30개 정도를 먹을 경우 독성에 중독될 수 있다. 유럽식품안전청(Autorité européenne de Sécurité des Aliments)이 성인은 한 번에 3개, 소아는 1/2개 이하로 섭취량을 제한하고 있는 이유가 바로 이것이다. 살구잼이나 콩포트에 이 씨를 몇 개 넣거나 아몬드 베이스 과자류(피낭시에, 아마레티 등)에 소량을 첨가하기도 하며, 살구씨 향을 우려낸 크림으로 판나코타, 아이스크림 등에 쌉싸름한 아몬드 맛을 더하는 데 사용하기도 한다.

· **딸기 :** 녹색의 딸기 잎꼭지는 버리지 않고 활용할 수 있다. 유기농 딸기의 경우 딸기 꼭지를 찬물에 한나절 담가두었다가 체에 거르면 딸기 향이 나는 물을 시원하게 마실 수 있다.

· **망고 :** 망고를 잘라서 먹고 남은 씨에는 항상 살이 조금 붙어 남

아 있게 된다. 뜨겁게 데운 생크림에 망고씨를 담가 향을 우려내 보자. 이 크림으로 샹티이, 또는 판나코타를 만들면 은은하게 배 어든 망고 향을 즐길 수 있다.

· **파인애플** : 껍질을 깨끗이 씻어서(반드시 유기농 재배에 한함) 시럽(파인애플 껍데기 1개분 기준 물 250ml, 설탕 100g)에 넣고 10분간 약불로 끓인다. 건더기를 꾹꾹 누르며 체에 걸러 그 즙을 냉장고에 보관한다.

· **시트러스 과일류** : 껍질 제스트 부분은 설탕을 넣고 뭉근히 조려 콩피를 만들거나 말려서 사용할 수 있다. 또한, 가루로 갈아 향을 더하는 데 사용할 수도 있다.

시들거나 모양이 좋지 않은 과일은 콩포트를 만들거나 오븐에 구우면 좋다. 혹은 쿨리, 스무디 등으로 활용할 수도 있다. 또한, 사용하고 남은 과일 찌꺼기들은 모두 퇴비로도 활용할 수 있다.

신선 과일 보관법

모든 과일은 생물이며 수확하고 난 이후에도 섬세하게 변화를 겪는다. 상온은 생과일의 보관에 지대한 영향을 미친다. 그렇다고 모든 과일이 동일하게 민감한 것은 아니다. 사과나 감귤류 과일들은 상온에서 비교적 오래 견디는 반면 베리류 등의 붉은 과일은 반드시 냉장고에 보관하는 것이 좋다.

상온에서 후숙되는 과일

어떤 과일들은 아직 녹색인 상태에서 딴 뒤 상온에서 계속 익는다. 살구, 아보카도, 바나나, 마르멜로, 무화과, 패션프루트, 구아바, 감, 키위, 망고, 복숭아, 천도복숭아, 사과, 배, 자두, 토마토 등은 자연적으로 발산되는 무색, 무취의 에틸렌 가스를 통해 후숙이 가능한 과일이다. 하지만 완숙 후 수확하는 과일들(감귤류, 붉은 과일류)은 에틸렌 가스에 상당히 취약하여 급속히 신선함을 잃게 되며 따라서 보관 기간도 줄어든다.
결론 : 같은 과일 바구니 안에 바나나, 사과, 오렌지를 함께 보관하지 말 것. 이 경우 오렌지는 금세 물러지며 곰팡이가 생길 수 있다. 이들을 분리해 놓으면 후숙되지 않는 과일을 신선한 상태로 좀 더 오래 보관할 수 있다. 역으로 이러한 특성을 활용해 과일을 더 빨리 후숙시킬 수도 있다. 같은 종이봉투 안에 아보카도와 바나나(혹은 사과)를 함께 넣어두면 아보카도의 후숙을 촉진할 수 있다.
적당한 상태로 후숙되면(손으로 눌렀을 때 말랑해지고 과일 향이 선명하게 난다) 그 과일은 냉장 보관해야 하며 가능하면 빨리 소비하는 것이 좋다. 과일의 향을 제대로 즐기기 위해서는 먹기 한 시간 전에 냉장고에서 미리 꺼내두는 것을 추천한다. 과일을 자

르면 산화되어 갈변하기 시작하며 비타민도 손실된다. 한번 자른 과일은 밀폐용기에 담아 냉장고에 보관하되 최대 24시간 이내에 소비하는 것이 좋다. 레몬즙을 한번 둘러 뿌려주면 산화되는 것을 어느 정도 지연시킬 수 있다.
껍데기가 있는 견과류와 말린 과일은 밀폐용기에 넣어 서늘하고 건조하며 직사광선이 들지 않는 어두운 찬장 같은 곳에 보관하는 것이 좋다. 아몬드 가루와 헤이즐넛 가루는 일단 한번 포장을 개봉한 다음에는 냉장고에 보관해야 산패되는 것을 늦출 수 있다.

장기 저장법

과일을 냉장고에 보관하면 후숙이 진행되는 속도를 늦출 수 있지만 그 외에 일 년 내내 과일의 풍미를 보존하기 위한 다른 방법도 이미 수백 년 전부터 개발되었다. 그들 중 대표적인 몇 가지 예는 다음과 같다.

· **건조** : 약 5천 년 전부터 알려져 온 이 방법은 오늘날 현존하는 가장 오래된 과일 보존 방법이라 할 수 있다. 말려 보관하는 가장 대표적인 과일 중에는 포도, 무화과, 살구, 대추야자 등을 꼽을 수 있다. 이들은 오븐으로 또는 공기 중에서 말리기도 하며 건조기를 사용하기도 한다. 말린 과일을 사용할 때는 물이나 기호에 따라 선택한 액체에 담가 다시 불려서 사용하기도 하고 또는 원하는 식감에 따라 요리나 디저트에 직접 첨가하기도 한다.

· **당절임** : 역시 오래전부터 사용되는 저장 방법으로 잼, 과일 젤리, 시럽 등으로 만든다.

· **멸균(일명 통조림 저장)** : 과일에 설탕을 넣고 조려 콩포트로 만들거나 설탕 시럽에 담근 뒤 고온(110~120℃)으로 가열 살균해 보관하는 방법으로 색, 맛, 영양소의 일부가 손실될 수 있다. 시럽에 담긴 과일의 경우 사용하기 전 건져서 물기를 제거해야 한다.

· **급속 냉동(-18℃)** : 이 방법은 과일의 갈변을 불러올 수 있다. 이를 피하기 위해서는 과일을 급속 냉각하기 전(살구, 복숭아 등)에 끓는 물에 살짝 익힌다. 또한, 설탕이나 레몬즙을 첨가하면 갈색으로 변하는 것을 늦출 수 있으며, 이로 인해 맛이 변질되지는 않는다. **주의** : 이 방법은 과일이 물러지거나 즙이 흘러나오는 등 식감의 변화를 초래할 수 있다.

프랑스 과일 계절별 일람표

1월	2월	3월	4월	5월	6월
아사이베리	아사이베리	파인애플	파인애플	파인애플	아몬드
바나나	파인애플	바나나	스타프루트	스타프루트	천도복숭아
베르가모트	바나나	스타프루트	레몬	체리	스타프루트
스타프루트	베르가모트	레몬	카피르라임	레몬	체리
밤	땅콩	카피르라임	패션프루트	딸기	레몬
레몬	스타프루트	대추야자	(백향과)	패션프루트	대추야자
클레망틴 귤	레몬	패션프루트	라임	(백향과)	딸기
대추야자	클레망틴 귤	(백향과)	망고	라임	패션프루트
백련초	대추야자	구아바	코코넛	망고스틴	(백향과)
패션프루트	패션프루트	키위	파파야	망고	레드커런트
(백향과)	(백향과)	라임		코코넛	구스베리
구아바	구아바	부다즈핸드		파파야	라임
감	키위	망고		피스타치오	망고스틴
키위	라임	코코넛		루바브	망고
금귤	부다즈핸드	오렌지			멜론
라임	만다린 귤	파파야			블루베리
리치	코코넛	서양배			코코넛
부다즈핸드	오렌지	사과			파파야
만다린 귤	파파야				서양배
호두	잣				루바브
코코넛	서양배				
오렌지	포멜로				
블러드오렌지	사과				
자몽					
파파야					
서양배					
포멜로					
사과					
타마릴로					

7월	8월	9월	10월	11월	12월
살구	살구	크랜베리	아보카도	아사이베리	아사이베리
크랜베리	아몬드	아몬드	스타프루트	아보카도	아보카도
아몬드	아보카도	아보카도	세드라(시트론)	스타프루트	바나나
아보카도	바나나	바나나	밤	세드라(시트론)	스타프루트
바나나	천도복숭아	스타프루트	레몬	밤	밤
천도복숭아	땅콩	세드라(시트론)	핑거라임	레몬	레몬
스타프루트	스타프루트	레몬	마르멜로	핑거라임	핑거라임
블랙커런트	블랙커런트	마르멜로	대추야자	마르멜로	클레망틴 귤
체리	레몬	무화과	무화과	대추야자	마르멜로
레몬	딸기	딸기	패션프루트	백련초	대추야자
딸기	야생숲딸기	라즈베리	(백향과)	패션프루트	백련초
라즈베리	라즈베리	패션프루트	용과	(백향과)	패션프루트
패션프루트	패션프루트	(백향과)	석류	용과	(백향과)
(백향과)	(백향과)	용과	감	석류	용과
레드커런트	레드커런트	라임	라임	감	석류
구스베리	구스베리	망고스틴	부다즈핸드	금귤	감
라임	라임	밤	망고스틴	라임	금귤
망고스틴	망고스틴	멜론	헤이즐넛	리치	라임
망고	망고	미라벨 자두	호두	부다즈핸드	리치
멜론	멜론	블랙베리	코코넛	서양모과	부다즈핸드
블루베리	미라벨 자두	블루베리	파파야	오렌지	만다린 귤
코코넛	블랙베리	코코넛	금땅꽈리	블러드오렌지	서양모과
파파야	블루베리	파파야	서양배	자몽	코코넛
수박	헤이즐넛	수박	사과	파파야	오렌지
피스타치오	코코넛	금땅꽈리	댐슨 자두	서양배	블러드오렌지
서양배	파파야	서양배	람부탄	사과	자몽
포멜로	수박	사과	유자	람부탄	파파야
사과	복숭아	자두		타마릴로	서양배
자두	금땅꽈리	댐슨 자두		유자	사과
루바브	잣	포도			건자두(프룬)
	피스타치오	람부탄			람부탄
	서양배	렌 클로드 자두			타마릴로
	포멜로	유자			유자
	사과				
	자두				
	댐슨 자두				
	포도				
	렌 클로드 자두				
	루바브				

도구

MATÉRIEL

기본 조리 도구

1. 케이크용 무스링, 사각 프레임 Cercles et cadres à entremets
2. 글레이징용 용기와 망 Candissoire
3. 스텐 식힘 망, 그릴 망 Grille
4. 피스톤 깔때기 디스펜서 Entonnoir à piston
5. 실리콘 틀 Moules souples en silicone

1. 아이스크림 스쿠프 Cuillère à glace
2. 초콜릿용 디핑 포크 Fourchette à chocolat à tremper
3. 자몽 나이프 Couteau à pamplemousse
4. 멜론 볼러 Cuillère parisienne
5. 감자 필러 Éplucheur économe

6. 제스터 Canneleur-zesteur
7. 애플 코어러 Vide-pomme

1. 굴절식 염(당)도계 Réfractomètre
2. 탐침 온도계 Thermomètre électronique à sonde
3. 샤토 나이프 Couteau à bec d'oiseau
4. 페어링 나이프 Couteau d'office
5. 마이크로플레인 그레이터 Râpe Microplane

6. 브레드 나이프 Couteau-scie
7. 셰프 나이프 Couteau éminceur
8. 스패출러 Palette
9. 삼각 스크래퍼 Palette triangulaire
10. L자 스패출러 Palette coudée
11. 알뜰주걱 Maryse

12. 엑소글래스 내열 주걱 Spatule Exoglass®
13. 거품기 Fouet
14. 망국자 Écumoire
15. 고운 체망 Chinois-étamine
16. 원뿔체, 시누아 Chinois

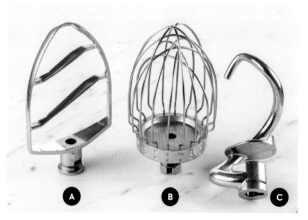

가전 도구

1. 핸드블렌더 Mixeur plongeant
2. 전동 스탠드 믹서(A: 플랫비터, B: 거품기, C: 도우 훅)
   Robot pâtissier avec feuille (A), fouet (B) et crochet (C)
3. 푸드 프로세서 Robot Coupe (robot mixeur)

기본 테크닉
LES TECHNIQUES
DE BASE

준비하기

파인애플 껍질 벗기기
Éplucher un ananas

파인애플 과육에 남아 있는 눈을 제거하며 껍질을 벗기는 방법이다.

재료
파인애플

도구
페어링 나이프
셰프 나이프

1 • 가위로 파인애플 윗동 주변에 붙은 작은 잎들을 잘라낸다. 또는 잎 뭉치 전체를 잘라낸다.

2 • 셰프 나이프를 이용해 파인애플 밑동을 잘라낸다.

3 • 파인애플을 세워 놓고 위에서 아래로 곡선을 따라가며 두꺼운 껍질을 잘라 벗겨낸다.

4 • 페어링 나이프를 이용해 파인애플 과육에 있는 눈을 잘라낸다. 우선 오른쪽 위에서 왼쪽 아래쪽 방향으로 칼로 사선을 그리며 따라 내려간다.

5 • 맨 위 첫 번째 사선 위쪽(눈 바로 위)에 칼을 집어 넣고 사선을 따라 끝까지 칼집을 낸다.

6 • 같은 방법으로 칼을 사선 바로 아래쪽에 넣고 끝까지 칼집을 내면서 나선형으로 눈을 잘라낸다.

7 • 같은 방법으로 반복하여 파인애플 과육에 있는 눈을 모두 나선형으로 잘라낸다.

아몬드 껍질 벗기기
Monder des amandes

과일(복숭아, 자두, 토마토 등)이나 견과류 열매(헤이즐넛, 피스타치오, 호두 등)의 살에 손상을 주지 않으면서 껍질, 또는 속껍질을 제거하는 방법이다.

재료
아몬드

조리
3분

도구
페어링 나이프
망국자

1 • 냄비에 물을 끓인 뒤 아몬드를 넣는다.

2 • 2~3분간 끓인다.

3 • 망국자로 아몬드를 건진 뒤 찬물에 담가 가열을 중단시킨다.

4 • 건져서 종이타월 위에 펼쳐 놓는다.

5 • 손가락으로 아몬드를 한 알씩 집어 껍질을 밀어내듯이 벗긴다.

헤이즐넛 껍질 벗기기
Monder des noisettes

재료	**조리**	**도구**
헤이즐넛	15분	오븐팬
		실리콘 패드
		깨끗한 행주

1 • 실리콘 패드를 깐 오븐팬에 헤이즐넛을 한 켜로 펼쳐 놓는다.
180°C로 예열한 오븐에 넣어 15분간 굽는다.

2 • 중간에 한번 흔들어 섞어준다. 껍질이 갈라지면 헤이즐넛을 꺼내 깨끗한 행주 위에 놓는다.

3 • 행주로 복주머니처럼 감싼 뒤 작업대에 놓고 힘껏 굴려 헤이즐넛끼리 마찰되도록 한다. 헤이즐넛의 속껍질이 저절로 분리되어 벗겨지게 된다.

4 • 껍질이 벗겨진 헤이즐넛을 골라낸다.

셰프의 조언

오븐에 구울 때 헤이즐넛의 색이 금세 진해질 수 있으니 주의를 기울여 살펴보아야 한다.

복숭아 껍질 벗기기
Monder des pêches

재료
복숭아

도구
페어링 나이프
망국자

조리
20초

1 • 페어링 나이프로 복숭아 아래쪽에 십자로 칼집을 낸다.

2 • 끓는 물에 넣어 20초간 데친다.

3 • 망국자로 건진 뒤 찬물에 넣어 가열을 중단시킨다.

4 • 칼집 낸 부분을 칼로 조심스럽게 떼어내듯이 껍질을 벗겨준다.

밤 껍질 벗기기
Peler des marrons

재료
밤

도구
페어링 나이프
망국자
실리콘 패드

조리
20분

1 • 밤을 물에 15분 정도 담가둔다. 건진다.

2 • 껍질에 칼집을 낸 다음 실리콘 패드를 깐 오븐팬에 펼쳐 놓는다. 250℃로 예열한 오븐에서 5분간 굽는다.

3 • 칼끝으로 껍질을 벗긴다. 매우 뜨거우니 손이 데이지 않도록 조심한다.

멜론 속 파내기
Évider un melon

재료
멜론

도구
셰프 나이프
스푼

셰프의 조언

멜론에 지그재그로 무늬를 내어 반으로 자르면
장식 효과를 더할 수 있다(p.70 테크닉 참조).

1 • 멜론의 양쪽 끝을 평평하게 자른다.

2 • 셰프 나이프로 멜론을 가로로 이등분한다.

3 • 스푼으로 속과 씨를 동그랗게 파낸다.

코코넛 깨기
Ouvrir une noix de coco

재료
코코넛

도구
셰프 나이프

1 • 밑에 큰 볼을 받쳐 놓은 뒤 한 손으로 코코넛을 잡는다.

2 • 코코넛에 금이 가 깨질 때까지 칼등으로 가운데를 2~3번 탁탁 내리친다.

3 • 깨진 틈으로 칼끝을 집어 넣어 연 다음 안에 있는 코코넛 워터를 받아낸다.

4 • 코코넛 워터를 체에 거른다. 코코넛 열매 안의 과육을 스푼으로 긁어낸다.

착즙하기(수동)
Extraire un jus (manuellement)

재료
시트러스 과일(수확 후
화학처리 하지 않은 것)

도구
고운 체망
페어링 나이프
주걱

1 • 시트러스 과일을 씻은 뒤 물기를 완전히 제거한다. 작업대에
놓고 살짝 누르면서 굴려주면 즙을 추출해내기 쉽다.

2 • 반으로 자른다.

3 • 씨와 과육 펄프를 걸러내기 위해 볼에 체망을 걸쳐 놓은 뒤 그
위에서 포크로 과육을 눌러가며 즙을 짠다.

4 • 체 안에 남은 과육 펄프를 주걱으로 꾹꾹 눌러가며 즙을 최대한
   짜낸다.

쿨리 만들기
Préparer un coulis

재료
라즈베리 500g
설탕 50g
물 100g
레몬즙 ½개분

도구
고운 체망
핸드블렌더

1 • 라즈베리를 씻어 건진다.

셰프의 조언

과일이 싱싱함을 잃기 시작하면
쿨리를 만들어보자.

2 • 높이가 있는 용기에 라즈베리를 담은 뒤 설탕, 물, 레몬즙을 넣어준다.

3 • 핸드블렌더로 갈아준다.

4 • 볼 위에 체망을 놓고 그 위로 쿨리를 부어 씨를 걸러준다.

5 • 작은 국자 등으로 꾹꾹 눌러가며 최대한 즙을 많이 짜낸다.

소르베 만들기
Préparer un sorbet

재료
판 젤라틴 2g(또는 안정제 1g)
물 55g
설탕 95g
레몬즙 15g
라즈베리 300g

조리
20분

냉장
12시간

보관
냉동실에서 2주

도구
고운 체망
핸드블렌더
당도계
아이스크림 메이커

1 • 판 젤라틴을 찬물에 담가 불린 뒤 건져서 꼭 짠다. 냄비에 이 물과 설탕을 넣고 끓여 시럽을 만든다. 불에서 내린 뒤 레몬즙, 젤라틴을 넣고 잘 섞는다. 식힌다.

2 • 시럽이 식으면 라즈베리에 부어준다.

3 • 핸드블렌더로 갈아 혼합한 뒤 당도계로 측정해 보메 당도 27~30도로 맞춘다.

4 • 혼합물을 체에 거른 뒤 냉장고에 넣어 12시간 동안 숙성한다.

5 • 아이스크림 메이커에 넣는다.

6 • 아이스크림 메이커 사용법에 따라 작동시켜 소르베를 만든다.

체리 브랜디 절임 만들기
Préparer des cerises à l'eau-de-vie

재료
체리(Montmorency 품종
추천) 300g
설탕 130g
키르슈(체리브랜디 40% vol)
130g

도구
유리 밀폐용기

1 • 체리를씻어 물기를 완전히 제거한 뒤 꼭지를 반 정도 자른다
(이렇게 하면 체리 향이 더 잘 배어난다).

2 • 체리를 유리병에 담은 뒤 설탕을 그 위에 부어준다.

3 • 브랜디를 넣어준다.

4 • 밀폐 유리병의 뚜껑을 덮어 단단히 밀봉한 뒤 뒤집어서 놓는다.
　　서늘하고 건조한 곳에 최소 1~2개월 보관한다. 일주일마다 한
　　번씩 병을 뒤집어준다.

자르기

슬라이스하기
Couper en lamelles

재료
레몬

도구
셰프 나이프

1 • 셰프 나이프를 사용해 과일을 일정한 크기로 슬라이스한다.

셰프의 조언

과일을 슬라이스할 때 만돌린 슬라이서를 사용해도 좋다.
단, 비교적 단단한 과일인 경우에만 적합하다
(사과, 배, 마르멜로 등).

2 • 용도에 따라 슬라이스의 두께를 조절한다.

줄리엔 썰기
Tailler en julienne

재료
사과

도구
셰프 나이프

1 • 사과를 약 2mm 두께로 균일하게 슬라이스한다.

2 • 슬라이스한 사과를 몇 장씩 겹쳐 놓은 뒤 2mm 굵기의 가는
막대 모양으로 균일하게 썬다.

미르푸아 썰기
Tailler en mirepoix

샐러드 등의 레시피용으로 과일을 일정한 크기의 주사위 모양으로 깍둑 써는 테크닉이다.

재료 **도구**
망고 셰프 나이프

1 • 껍질을 벗긴 뒤 과일을 약 1cm 두께로 슬라이스한다.

2 • 사방 1cm 크기의 주사위 모양으로 썬다.

구슬 모양 도려내기
Faire des billes

재료
멜론

도구
멜론 볼러

반으로 자른 멜론 과육에 멜론 볼러를 깊게 박아 넣은 뒤 돌려서 동그란 모양으로 도려낸다.

셰프의 조언

동그란 구슬 모양으로 도려낸 과일은 플레이팅 디저트, 과일 샐러드, 화채 등 또는 과일 꼬치 등을 만들 때 장식적 효과를 더해 특별한 아름다움을 표현할 수 있다.

망고 자르기
Couper une mangue

재료
망고

도구
페어링 나이프
셰프 나이프

1• 망고의 꼭지 쪽 끝을 잘라낸다.

2• 셰프 나이프를 사용해 망고를 세로로 잘라낸다. 칼날이 씨를 스쳐지나도록 바짝 붙여서 양쪽 살을 잘라낸다.

3• 가운데 남은 씨 부분의 껍질을 벗겨낸다.

4 • 페어링 나이프를 사용해 씨에 붙은 살을 모두 잘라낸다.

5 • 씨의 곡선을 따라 여러 번으로 나누어 살을 모두 잘라낸다.

6 • 잘라두었던 양쪽의 망고 살을 웨지 모양으로 자른다.

7 • 웨지 모양으로 자른 망고의 껍질을 벗긴다.

파인애플 자르기(방법 1)
Couper un ananas (méthode 1)

이 방법으로 자르기 전 미리 파인애플의 껍질을 벗기고 씨눈을 제거해둔다(p.28 테크닉 참조).

재료
파인애플

도구
셰프 나이프
(P.28 파인애플 껍질 벗기기
참조)

1 • 파인애플을 세로로 이등분한다.

2 • 반으로 자른 파인애플을 웨지 모양으로 자른다.

3 • 단단하고 질긴 속심을 잘라낸다.

4 • 웨지로 자른 파인애플을 일정한 두께로 길게 슬라이스할 수도 있다.

5 • 또는 가로로 방향을 바꾸어 슬라이스해도 좋다.

파인애플 자르기(방법 2)
Couper un ananas (méthode 2)

이 방법은 첫 번째 것보다 더 빠르고 쉽지만 과육의 손실이 좀 더 많다.

재료
파인애플

도구
자몽 나이프
셰프 나이프

1 • 파인애플 윗동의 잎 뭉치를 삼분의 일 정도만 남기고 잘라낸 다음 파인애플을 세로로 이등분한다.

2 • 자몽 나이프를 이용해 껍질 쪽으로부터 1cm 정도를 남겨두고 칼집을 내면서 과육을 잘라낸다.

3 • 나머지 반쪽도 같은 방법으로 과육을 잘라낸다.

4 • 도려낸 파인애플 살을 세로로 반 자른 뒤 속심을 제거한다.

5 • 원하는 모양으로 파인애플 살을 슬라이스한다. 비워낸 파인 애플 껍데기 안에 자른 과일을 채워 플레이팅해도 좋다.

석류 자르기
Couper une grenade

석류 과육에 손상을 주지 않고 알알이 분리해 꺼낼 수 있는 방법이다.

재료　　　　　　**도구**
석류　　　　　　　페어링 나이프

1 • 석류의 윗부분에 뚜껑 모양으로 칼집을 낸다.

2 • 칼을 이용해 뚜껑을 들어낸다.

3 • 석류 속의 나뉜 구획을 따라 칼집을 낸다.

4 • 꼭지에 붙은 중앙 심지 부분을 떼어낸다.

5 • 손으로 석류를 구획대로 쪼개어준다.

6 • 볼 위에 놓고 석류알을 조심스럽게 분리해 떼어낸다.

홈을 파내어 무늬내기
Canneler

과일에 아름다운 장식적 효과를 낼 수 있는 방법이다.
특히 시트러스 과일류와 단단한 과일에 많이 사용된다.

재료
오렌지(수확 후
화학처리 하지
않은 것)

도구
셰프 나이프
제스터

1 • 오렌지의 양쪽 끝을 잘라낸다.

2 • 제스터를 사용해 일정한 간격으로 껍질 제스트를 길게 도려낸다.

3 • 오렌지를 세로로 이등분한 다음 씨를 제거한다.

4 • 사용 목적에 따라 오렌지를 슬라이스한다.

시트러스 제스트 썰기
Tailler les zestes

재료
레몬(수확 후
화학처리 하지 않은 것)

도구
솔
페어링 나이프
셰프 나이프
감자 필러

1• 레몬을 따뜻한 물에 넣고 솔로 문질러 씻는다.

셰프의 조언

· 레몬이나 라임, 오렌지 등의 시트러스 과일
제스트를 사용할 때는 반드시 화학처리
하지 않은 것으로 선택한다.

· 껍질 제스트의 안쪽에 있는 흰 부분(ziste)는 매우
쓴맛을 갖고 있으니 반드시 제거하는 것이 좋다.

2• 레몬의 위 아래 양쪽 끝을 잘라낸 다음 필러로 껍질 제스트를
얇게 저며낸다.

3 • 페어링 나이프를 이용해 껍질 제스트 안쪽의 흰 부분을
   제거한다.

4 • 껍질 제스트를 겹쳐 놓는다.

5 • 1~2mm 폭으로 아주 얇게 채썬다.

시트러스 과일 속껍질까지 잘라 벗기기, 과육 세그먼트 잘라내기

Peler à vif et prélever des segments

재료
오렌지

도구
페어링 나이프
셰프 나이프

1 • 오렌지의 위 아래 양끝을 잘라낸 다음 셰프 나이프를 이용해 껍질(제스트, 흰 부분, 속껍질까지 모두)를 잘라낸다. 과일의 곡면을 따라가며 과육 속살이 드러나도록 한번에 잘라준다.

2 • 남아 있는 흰색 부분을 페어링 나이프로 꼼꼼히 제거한다.

3 • 각 속껍질 막 사이의 과육 세그먼트를 칼로 잘라낸다. 흐르는 과즙을 받을 수 있도록 볼을 받쳐 놓고 그 위에서 작업한다.

4 • 남은 속껍질을 손으로 꼭 짜 최대한 많은 즙을 추출해낸다.

멜론 무늬 내어 자르기

Historier un melon

멜론을 지그재그로 모양내어 잘라 장식적 효과를 높일 수 있는 방법이다.

재료
멜론

도구
페어링 나이프

1 • 멜론 중간 부분에 빙 둘러서 선을 표시하며 살짝 칼집을 내준다.

2 • 페어링 나이프의 칼끝을 이 선 위에 놓고 사선으로 과일 속까지 찔러 넣는다.

3 • 칼을 빼낸 다음 같은 방법으로 계속해 지그재그 톱니 모양으로 빙 둘러 자른다.

4 • 멜론을 반으로 갈라 분리한다. 스푼으로 속과 씨를 모두 제거한다.

익히기

끓는 물에 데치기
Blanchir

재료
오렌지

도구
망국자
그릴 망

1 • 물이 담긴 냄비에 오렌지를 넣는다.

2 • 냄비 지름보다 약간 작은 망을 오렌지 위에 닿게 얹어준다.

3 • 5분간 물을 끓인다. 그릴 망을 건져낸다. 화상에 주의한다.

4 • 망국자로 오렌지를 건져내 얼음물에 담가 식힌다.

서양배 포칭하기
Pocher des poires

재료
서양배(Conférence 품종) 3개
레몬즙 ½개분
물 1리터
라즈베리 225g
설탕 200g
바닐라 빈 1줄기

조리
55분

도구
솔
고운 체망
셰프 나이프
식품용 스텐 수세미망
핸드블렌더

1 • 서양배를 씻어서 껍질을 벗긴 후 꼭지 부분을 잘라낸다.

2 • 볼에 물을 넣고 레몬즙 반 개를 짜 넣는다. 서양배를 레몬물에 담가 갈변을 막는다. 솔로 문질러 레몬물이 잘 스며들도록 해준다.

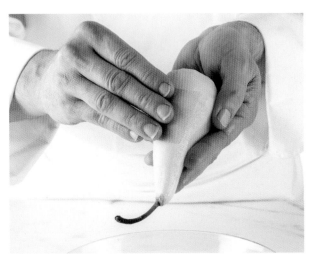

3 • 스텐 수세미망으로 조심스럽게 문질러 표면을 매끈하게 해준다.

셰프의 조언

서양배 과육의 표면을 매끈하게 문지르는 과정이 반드시 필요한 작업은 아니다.
다만 과일을 고르고 균일한 모양으로 만들어주는 효과가 있을 뿐이다.

4 • 서양배의 표면이 매끈하게 다듬어진 모습.

5 • 냄비에 물을 붓고 라즈베리, 설탕, 길게 갈라 긁은 바닐라 빈을 넣어준다. 핸드블렌더로 갈아준 다음 고운 체에 거른다.

6 • 다시 냄비에 넣고 끓인다. 불을 끈 다음 서양배를 넣어준다.

7 • 유산지로 뚜껑을 만들고 가운데 구멍을 뚫어준 다음 덮어준다. 80℃ 오븐에서 약 45분간 익힌다.

8 • 오븐에서 꺼낸 뒤 그대로 시럽에 넣은 채로 식힌다. 서양배를 건져내고 시럽은 고운 체로 다시 한 번 걸러준다.

9 • 그릇에 서양배를 담고 시럽을 끼얹어 서빙한다.

파인애플 로스팅하기
Rôtir un ananas

재료
빅토리아 파인애플 1개
바닐라 빈 1줄기
버터 50g
꿀 40g
럼 30g
오렌지즙 1개분

조리
30분

도구
페어링 나이프
주방용 붓

1 • 바닐라 빈을 길게 갈라 안의 가루를 긁어낸다.

2 • 작게 깍둑 썬 버터와 바닐라 빈 껍질, 긁어낸 가루를 모두 소스팬에 넣고 가열해 녹인다.

3 • 다른 소스팬에 꿀을 넣고 럼과 오렌지즙을 넣어 희석하며 섞는다. 살짝 데워준다.

4 • 껍질을 벗기고 나선형으로 씨눈을 제거해 둔 파인애플(p.28
　　파인애플 껍질 벗기기 참조)을 준비한다. 알루미늄 포일로 잎
　　부분을 감싸준다.

5 • 바닐라 향이 우러난 버터를 파인애플에 붓으로 듬뿍 발라준다.

6 • 바닐라 빈 줄기를 작게 잘라 파인애플 과육 사이사이 끼워 넣으면 좋다.

7 • 럼과 오렌지즙을 넣은 꿀을 고루 뿌려준다. 180℃로 예열한 오븐에 넣고 30분간 굽는다. 흘러나온 꿀을 5분마다 고루 끼얹어 준다.

셰프의 조언

파인애플을 익힐 때 흘러나오는 꿀과 즙을
잘 끼얹어주는 게 중요하다. 이렇게 해야
풍미가 잘 스며들고 부드럽고 촉촉하게 구울 수 있다.

금귤 당절임하기
Confire des kumquats

500g 분량

재료
금귤 500g
물 1리터
설탕 500g + 760g
(4 x 90g + 400g)
글루코스 150g

당절임
7일

조리
15분

도구
글레이징용 용기와 망
망국자
나무꼬치(이쑤시개)
조리용 온도계

1 • 금귤을 깨끗이 씻은 뒤 꼭지를 따낸다. 이쑤시개를 이용해 양끝을 찔러준다.

2 • 냄비에 물, 설탕 500g, 글루코스를 넣고 잘 녹인 뒤 끓여 시럽을 만든다.

3 • 금귤을 시럽에 넣고 85℃를 유지하며 15분간 약하게 끓인다.

4 • 금귤을 건져 받침망이 있는 용기에 넣고 시럽을 부어 덮어준다.
뚜껑을 닫고 상온에서 하룻밤 동안 재워둔다.

5 • 다음 날 받침망과 함께 금귤을 들어낸다. 시럽은 따로 냄비에 덜어낸다.

6 • 냄비 안의 시럽에 설탕 90g을 넣고 잘 저어 녹인 뒤 가열한다. 시럽의 온도가 85℃에 달하면 다시 받침망 용기의 금귤 위에 부어준다. 뚜껑을 닫고 하룻밤 재운다.

7 • 이렇게 시럽에 설탕을 매회 90g씩 추가해가며 끓인 뒤 다시 금귤에 부어 하룻밤씩 재워두는 과정(5,6번)을 3회(3일 소요) 더 반복한다. 여섯 번째 되는 날 시럽에 설탕 200g을 추가하고 끓인 다음 받침망 위의 금귤에 부어준다.

8 • 다음 날 이 마지막 작업(설탕 200g 추가)을 한 번 더 반복한다.

9 • 당절임이 완성된 이 금귤은 시럽에 담가 냉장 보관할 수 있다.

밤 글레이징하기
Glacer des marrons

300g 분량

재료
시럽에 담가 조린 밤 300g
슈거파우더 200g
밤을 조린 시럽 120g
럼 3g

건조
12시간

조리
5분

도구
디핑포크
그릴 망
실리콘 패드

1 • 시럽에 조린 밤(marrons confits au sirop)을 망 위에 놓고 12시간 동안 건조시킨다. 오븐을 210℃로 예열한다. 물을 끓인 중탕 냄비 위에 볼을 놓고 밤 조린 시럽을 넣어 따뜻하게 데운다.

2 • 슈거파우더를 넣고 잘 섞어준다.

3 • 글라사주 혼합물은 비교적 걸죽해야 하나 어느 정도 흐르는 질감을 유지해야 한다. 필요한 경우 시럽을 조금 첨가해 적절한 농도를 맞춘다.

4 • 실리콘 패드를 깐 오븐팬에 그릴 망에 얹은 밤을 놓고 210℃ 로 예열한 오븐에서 약 1분간 데운다. 밤을 꺼낸 뒤 오븐을 계속 켜둔다.

5 • 디핑포크를 이용해 밤에 글라사주를 입힌다.

6 • 건져서 다시 망 위에 놓는다. 210℃ 오븐에 약 40초간 넣어 글레이징한 설탕 시럽이 굳도록 한다(망 아래 오븐팬에 흘러내린 설탕이 알갱이로 굳기 시작한다).

7 • 꺼내서 상온으로 식힌 다음 한 개씩 포장한다.

파인애플 튀김 만들기

Frire des beignets d'ananas

재료
파인애플 1개
밀가루 150g
설탕 25g
베이킹파우더 7.5g
바닐라 빈 1줄기
소금 2g
달걀 1개
우유 180g
럼 5g
포도씨유
슈거파우더

도구
페어링 나이프
셰프 나이프
지름 7cm 원형 커터(파인애플
사이즈에 따라 크기 선택)
지름 3cm 원형 커터
거품기
작은 체망
집게
조리용 온도계

1 • 파인애플을 1cm 두께로 슬라이스한다. 원형 커터(슬라이스 지름 크기보다 약간 작은 것)와 칼로 가장자리 껍데기를 제거해 균일한 크기의 동그라미로 잘라낸다.

2 • 작은 원형 커터로 중앙의 심 부분을 동그랗게 잘라내 제거한다.

3 • 볼에 밀가루, 설탕, 베이킹파우더, 바닐라 빈, 소금을 넣고 섞는다.

4 • 반죽 가운데를 우묵하게 만든 다음 달걀, 우유(⅔분량)를 넣는다. 거품기로 잘 저어 섞는다. 이어서 나머지 우유를 마저 붓고 럼을 넣어준다. 균일하게 섞는다.

5 • 튀김용 팬에 기름을 붓고 175~180℃로 가열한다. 집게 또는 포크를 사용해 파인애플 슬라이스를 튀김옷 반죽에 담갔다 뺀다.

6 • 조심스럽게 기름에 넣은 뒤 양면을 각각 2분씩 튀긴다.

7 • 건져서 기름을 털어낸 다음 종이타월 위에 놓고 여분의 기름을 빼준다.

8 • 작은 체망을 이용해 슈거파우더를 솔솔 뿌린다. 또는 바닐라 슈거를 뿌려도 좋다.

사과 콩포트 만들기
Préparer une compote de pommes

250ml 병 1개분

재료
사과 500g
버터 8g
설탕 25g
바닐라 빈 1줄기
시나몬 스틱 1개
물

조리
35분

도구
보관용 병(250ml) 1개
페어링 나이프
감자 필러

1 • 사과를 씻어서 껍질을 벗긴 다음 6등분으로 자른다. 속과 씨를 제거한다.

셰프의 조언

사과를 자른 뒤 갈변을 방지하기 위해
레몬즙을 뿌려두면 좋다.

2 • 사과를 사방 2cm 정도 크기의 큐브 모양으로 자른다.

3 • 냄비에 버터를 넣고 녹인다. 길게 갈라 긁은 바닐라 빈과 줄기,
시나몬 스틱을 넣는다.

4 • 사과와 설탕을 넣고 조심스럽게 섞어준다. 물을 조금 첨가한다.

5 • 유산지를 냄비 지름에 맞춰 넉넉히 자르고 가운데 구멍을 낸
뒤 사과에 닿도록 덮어준다. 찌듯이 약불에서 30분간 익힌다.
중간에 가끔씩 뒤적여 섞어준다(필요하면 그때그때 물을
조금씩 첨가해준다).

6 • 바닐라 빈 줄기와 시나몬 스틱을 건져낸다. 사과 콩포트를 덜어
내어 식힌다.

딸기잼 만들기
Préparer une confiture de fraises

250ml 병 3개분

재료
딸기 500g
설탕 400g
바닐라 빈 1줄기
펙틴(medium rapid set)
2.5g
주석산 용액 4g
(주석산 2g을 물 2g에 녹인다.
또는 레몬즙 2g으로 대체해도
좋다)

휴지
6~12시간

도구
용량 250ml 병 3개
페어링 나이프
망국자
굴절식 당도계
조리용 온도계

1 • 유리병을 끓는 물에 2분간 열탕 소독한다. 뒤집어 놓은 뒤
상온에서 식힌다. 딸기를 씻어서 꼭지를 잘라낸 다음 세로로
이등분한다.

2 • 바닐라 빈을 길게 갈라 안의 씨를 긁어준다. 바닐라 빈 줄기도
4등분으로 잘라서 딸기에 모두 함께 넣어준다.

3 • 설탕 360g을 넣고 딸기에 고루 묻도록 살살 섞어준다.

4 • 랩을 딸기에 접촉되도록 덮어준 다음 딸기의 즙이 흘러
나오도록 냉장고나 서늘한 곳에서 6~12시간 재워둔다.

5 • 딸기를 모두 냄비에 담고 끓을 때까지 가열한다. 표면에 뜨는 거품은 망국자로 꼼꼼히 걷어낸다.

6 • 설탕 40g과 미리 섞어둔 펙틴을 넣고 약 106℃가 될 때까지 끓인다.

7 • 마지막에 주석산 용액을 넣어준다.

8 • 소독해둔 유리병에 담고 뚜껑을 단단히 덮어 봉한 다음 뒤집어서 1시간 동안 둔다. 완전히 식으면 다시 바로 놓는다. 직사광선이 들지 않는 건냉한 장소에 보관한다.

오렌지 마멀레이드 만들기

Préparer une marmelade d'oranges

250ml 병 3개분

재료
오렌지 250g
오렌지즙 500g
(오렌지 약 6개분)
레몬즙 20g
설탕 375g
펙틴(medium rapid set)
2.5g
시럽
설탕 100g
물 100g

도구
용량 250ml 병 3개
셰프 나이프
망국자
핸드블렌더
굴절식 당도계
조리용 온도계

1 • 유리병을 끓는 물에 2분간 열탕 소독한다. 뒤집어 놓은 뒤 상온에서 식힌다. 오렌지의 양끝을 잘라낸 뒤 세로로 이등분한다.

2 • 반으로 자른 오렌지를 균일한 크기로 작게 잘라준다. 찬물에 넣고 끓을 때까지 가열해 데쳐낸다. 이 과정을 4번 반복한다. 매번 오렌지를 건져내고 물은 버린다.

3 • 냄비에 설탕과 물을 넣고 녹이며 가열해 시럽을 만든다. 4번 데쳐낸 오렌지를 넣고 80°C를 유지하며 약 1시간 동안 끓인다.

4 • 큰 사이즈의 다른 냄비에 오렌지즙과 레몬즙, 설탕 350g을
넣고 끓인다.

5 • 여기에 시럽에 끓인 오렌지를 넣어준다. 설탕 25g과 미리 섞어둔 펙틴도 함께 넣어준다.

6 • 약하게 끓는 상태를 유지한다. 표면에 뜨는 거품을 조심스럽게 걷어낸다.

7 • 106℃ 정도가 될 때까지 계속 끓인다. 당도계로 측정했을 때 보메 63도 정도가 되어야 적당하다.

8 • 핸드블렌더로 갈아준다. 소독해둔 유리병에 담고 뚜껑을 단단히 덮어 봉한 다음 뒤집어서 1시간 동안 둔다. 완전히 식으면 다시 바로 놓는다. 직사광선이 들지 않는 건냉한 장소에 보관한다.

마르멜로 즐레 만들기
Préparer une gelée de coing

250ml 병 3개분

재료
마르멜로(유럽모과) 1kg
설탕 1kg
주석산 용액 4g
(주석산 2g을 물 2g에 녹인다.
또는 레몬즙 2g으로 대체해도
좋다)

도구
용량 250ml 병 3개
주방용 솔
고운 체망
감자 필러
셰프 나이프
망국자
핸드블렌더
굴절식 당도계
망주머니
조리용 온도계

1 • 유리병을 끓는 물에 2분간 열탕 소독한다. 뒤집어 놓은 뒤 상온에서 식힌다. 마르멜로를 솔로 문질러 씻은 뒤 필러로 껍질을 벗긴다.

셰프의 조언

망주머니를 꼭 사용할 필요는 없지만, 체에 거르며 즙을 짜낼 때 편리하다.

2 • 마르멜로를 세로로 등분해 속과 씨를 제거한 다음 일정한 크기로 자른다.

3 • 작게 자른 마르멜로를 냄비에 넣는다. 망 주머니에 마르멜로 껍질과 속, 씨를 모두 넣고 냄비 한 켠에 함께 넣어준다.

4 • 재료가 잠기도록 물을 붓고 가열한다. 끓기 시작하면 약불로 줄인 뒤 45분~1시간 정도 끓인다.

5 • 망 주머니를 먼저 건진 뒤 체망에 놓고 국자로 눌러가며 즙을 짜낸다.

6 • 이어서 마르멜로 조각을 체망에 넣고 국자로 눌러가며 즙을 짜낸다. 남은 과육 찌꺼기는 마르멜로 젤리(pâte de coings) 등 다른 레시피에 활용할 수 있다.

7 • 받아낸 마르멜로 즙의 무게를 잰 다음 동량의 설탕을 함께
　　냄비에 넣는다.

8 • 끓을 때까지 가열한다. 약하게 끓는 상태를 유지하며 약 1시간
　　정도 끓인다. 표면의 거품은 그때그때 꼼꼼히 건져낸다.

9 • 106~107℃ 정도가 될 때까지 계속 끓인다. 당도계로 측정했을
　　때 보메 70도 정도가 되어야 적당하다.

10 • 주석산 용액을 넣고 잘 섞어준다. 소독해둔 유리병에 담고
　　 뚜껑을 단단히 덮어 봉한 다음 뒤집어서 1시간 동안 둔다.
　　 완전히 식으면 다시 바로 놓는다. 직사광선이 들지 않는
　　 건냉한 장소에 보관한다.

망고 처트니 만들기
Préparer un chutney de mangues

300ml 병 3개분

재료
화이트 식초 225ml
양파 110g
생강 8g
마늘 2.5g
망고 과육 225g
황설탕 75g
흰색 육수(닭, 송아지, 채소
육수 모두 가능) 150ml
펙틴 NH 2g
건포도 15g

도구
용량 300ml 병 1개
셰프 나이프

1 • 냄비에 식초를 넣고 끓인다. 3/4 정도 될 때까지 졸인다.

셰프의 조언

새콤달콤한 맛의 양념인 처트니는
푸아그라, 테린, 고기, 생선, 치즈 등에 곁들이면
아주 잘 어울린다.

2 • 양파와 생강의 껍질을 벗긴 뒤 잘게 썬다(사방 3mm 정도 크기).
마늘의 껍질을 벗긴 뒤 짓이긴다. 망고 살의 껍질을 벗긴 뒤 사방
4mm 크기로 잘게 깍둑 썬다.

3 • 졸인 식초에 설탕, 잘게 썬 양파, 짓이긴 마늘을 넣고 잘 저어 가며 익힌다. 식초가 거의 다 증발할 때까지 졸인다.

4 • 육수를 넣은 뒤 다시 반으로 졸인다.

5 • 망고, 생강, 건포도, 펙틴을 넣어준다.

6 • 중간중간 저어주며 걸쭉한 농도가 될 때까지 약불로 익힌다. 병에 담은 뒤 뚜껑을 단단히 닫아 밀봉한다.

살구 패션프루트 젤리

Préparer une pâte de fruits abricot passion

사방 20cm 사각 프레임
1판 분량

재료
살구 퓌레 250g
패션프루트 퓌레 250g
옐로 펙틴 10g
설탕 510g
글루코스 100g
주석산 용액 8g
(주석산 4g을 물 4g에 녹인다.
또는 레몬즙 4g으로 대체해도
좋다)

완성 재료
설탕 넉넉히

도구
사방 20cm 사각 프레임
셰프 나이프
굴절식 당도계
실리콘 패드
조리용 온도계

1 • 냄비에 두 가지 퓌레를 넣고 45°C가 될 때까지 데운다. 설탕 50g
과 미리 섞어둔 펙틴을 넣고 잘 섞어 녹인다.

2 • 계속 가열해 끓어오르면 글루코스와 나머지 설탕 분량의 반을
두 번에 나누어 넣는다. 계속 끓는 상태를 유지한다.

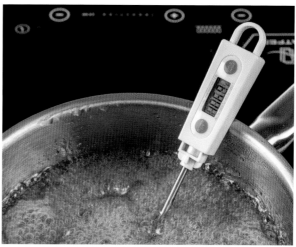

3 • 약 3분 정도 지난 뒤 나머지 설탕을 두 번에 나누어 모두 넣는다.
계속 끓는 상태를 유지한다. 106~107°C 정도가 될 때까지 계속
끓인다. 당도계로 측정했을 때 보메 73~74도 정도가 되어야
적당하다.

셰프의 조언

과일 젤리는 냉동 보관할 수 있다. 이 경우 설탕을 묻히는 과정은 생략한다. 대신 전분을 솔솔 뿌린 뒤 납작한 상태로 랩을 씌워 보관한다. 해동한 다음에는 물을 살짝 묻혀 촉촉하게 만든 다음 아래와 같이 설탕을 입힌다.

4 • 불에서 내린 다음 주석산 용액 또는 레몬즙을 넣고 잘 섞는다.

5 • 실리콘 패드를 깐 오븐팬 위에 사각 프레임을 놓는다. 혼합물을 붓고 상온에서 식힌다.

6 • 과일 젤리가 식으면 틀에서 빼낸 다음 양면에 모두 설탕을 묻힌다.

7 • 칼이나 스트링 커터를 이용해 원하는 크기로 절단한다. 망 위에 올려 12시간 동안 말린 뒤 포장한다.

잔두야 페이스트 만들기

Préparer une pâte de gianduja

페이스트 770g 분량

재료
속껍질을 벗긴 헤이즐넛 300g
밀크 초콜릿(카카오 40%)
180g
카카오버터 40g
슈거파우더 250g

도구
푸드프로세서
L자 스패출러
삼각 스크래퍼
실리콘 패드
조리용 온도계

1 • 유산지를 깐 오븐팬 위에 헤이즐넛을 한 켜로 펼쳐 놓는다.
140°C로 예열한 오븐에서 30분간 로스팅한다.

2 • 초콜릿과 카카오버터를 내열 유리볼에 넣고 중탕 냄비 위에
올려 녹인다.

3 • 로스팅한 헤이즐넛을 푸드 프로세서에 넣고 슈거파우더를
넣어준다. 짧게 여러 번 돌려 곱게 갈아준다.

4 • 계속 갈아 곱고 균일한 페이스트를 만든다.

5 • 녹인 초콜릿을 넣고 짧게 끊어 돌려가며 잘 섞어준다. 혼합물을 대리석 판에 붓고 온도가 26℃까지 떨어지도록 재빨리 식힌다.

6 • L자 스패출러와 삼각 스크래퍼를 이용해 초콜릿을 넓게 펼쳐 놓고 가운데로 다시 모아주는 동작을 반복하며 온도를 낮춘다. 밀폐용기에 넣어 건냉한 장소에 보관한다.

아몬드 헤이즐넛 66% 프랄리네 만들기

Préparer un praliné amandes noisettes 66%

페이스트 275g 분량

재료
속껍질을 벗긴 아몬드 85g
속껍질을 벗긴 헤이즐넛 85g
설탕 100g
물 30g
바닐라 빈 1줄기
소금(플뢰르 드 셀) 1꼬집

도구
푸드 프로세서
실리콘 패드
조리용 온도계

1 • 유산지 또는 실리콘 패드를 깐 오븐팬 위에 아몬드와 헤이즐넛을 한 켜로 펼쳐 놓는다. 140℃로 예열한 오븐에서 30분간 로스팅한다.

2 • 냄비에 설탕과 물을 넣고 가열해 약 2~3분간 끓인다. 로스팅한 아몬드와 헤이즐넛을 뜨거울 때 시럽 안에 넣어준다.

3 • 시럽이 모래처럼 부슬부슬한 질감으로 굳어질 때까지 잘 섞어준다. 길게 갈라 긁은 바닐라 빈 가루를 넣어준다.

셰프의 조언

너트를 너무 오래 로스팅하거나 캐러멜 색이 너무 진하게 날 때까지
오래 가열하면 프랄리네에 쓴맛을 줄 수 있으니 주의한다.

4 • 불을 세게 올리고 계속 잘 저어준다. 설탕이 녹아 너트에 고루 묻고 황금색 캐러멜 색이 날 때까지 가열하며 잘 섞는다.

5 • 실리콘 패드를 깐 오븐팬 위에 덜어서 펼쳐 놓은 뒤 소금(fleur de sel)을 뿌린다. 상온으로 식힌다.

6 • 캐러멜라이즈한 너트를 굵직굵직하게 부순 뒤 푸드 프로세서에 넣고 갈아준다. 혼합물의 온도가 너무 높아지지 않도록 여러 번으로 나누어 돌려준다.

7 • 균일하게 흐르는 농도의 페이스트가 될 때까지 갈아준다. 밀폐 용기에 넣어 건냉한 장소에 보관한다.

초코 헤이즐넛 스프레드 만들기
Préparer une pâte à tartiner

230ml 병 2개분

재료
아몬드 헤이즐넛 66%
프랄리네 275g (p.116 테크닉
참조)
헤이즐넛 잔두야 페이스트
200g (p.114 테크닉 참조)
코코아 가루 12.5g
우유 분말 25g
코코넛 오일 12.5g
헤이즐넛 페이스트 35g
블론드 글레이징 페이스트
(pâte à glacer blonde) 50g

도구
230ml 병 2개
푸드 프로세서

1 • 프랄리네, 잔두야, 헤이즐넛 페이스트, 글레이징 페이스트,
코코넛 오일을 모두 푸드 프로세서에 넣는다.

2 • 푸드 프로세서로 갈아 혼합한 다음 우유 분말과 코코아 가루를
넣고 매끈하고 균일한 혼합물을 만든다. 병에 담아 밀봉한 뒤
건냉한 장소에 보관한다.

밤 크림 만들기

Préparer une crème de châtaignes ou marrons

450g 분량

재료
껍질을 깐 밤(p.36 테크닉
참조)
설탕 200g
물 70g
바닐라 빈 1줄기

도구
냄비 안에 들어갈 만한 크기의
원형 망
나무꼬치
푸드 프로세서
조리용 온도계

1 • 냄비에 물을 조금 붓고 망을 놓는다. 그 위에 밤을 얹어 놓는다.

셰프의 조언

· 좀 더 색이 진한 밤 크림을 만들려면 잘게 부순 밤을
시럽에 넣고 약불로 약 15분 정도 조리듯 익혀주면 된다.
설탕 시럽이 스며든 밤을 곱게 갈아준다.

· 크림의 농도가 너무 되직하면 시럽(물과 설탕 동량)을
조금 첨가해 조절할 수 있다.

2 • 랩으로 덮은 뒤 증기로 30분간 찐다. 나무꼬치로 찔러 익었는지
확인한다.

3 • 다른 냄비에 설탕과 물을 넣고 끓여 시럽을 만든다. 바닐라 빈 가루를 긁어 넣고 112℃가 될 때까지 끓인다.

4 • 익힌 밤을 푸드 프로세서에 넣고 갈아준다.

5 • 뜨거운 시럽을 가늘게 흘려 넣으며 계속 갈아 고운 텍스처를 만든다.

6 • 완성 후 체에 넣고 한번 긁어내리면 더욱 균일하고 고운 질감의 크림을 만들 수 있다.

건조하기
Déshydrater

재료
유기농 레몬(수확 후 화학처리
하지 않은 것)
코코넛
코코넛 워터 1리터
설탕 200g

도구
페어링 나이프
감자 필러
셰프 나이프
망국자
그릴 망

1 • 셰프 나이프를 사용해 레몬을 2~3mm 두께로 얇게 슬라
이스한다. 유산지를 깐 그릴 망 위에 레몬 슬라이스를 한 켜로
펼쳐 놓는다. 70℃ 오븐에서 12시간 동안 말린다. 식힌 뒤
밀폐용기에 보관한다.

2 • 코코넛을 깨서(p.38 참조) 코코넛 워터를 받아낸다. 페어링 나이프의 칼날을 코코넛 껍데기와 살 사이에 넣고 살을 들어낸다.

3 • 감자 필러를 이용해 코코넛 과육을 얇게 셰이빙한다.

4 • 냄비에 코코넛 워터와 설탕을 넣고 끓여 시럽을 만든다. 여기에 코코넛 셰이빙을 넣고 1분간 데친다. 망국자로 건져 물기를 잘 털어낸 다음 유산지를 깐 그릴 망 위에 펼쳐 놓는다. 70℃ 오븐에서 12시간 동안 말린다. 식힌 뒤 밀폐용기에 보관한다.

레시피

LES RECETTES

시트러스, 감귤류

레몬 라임 타르트
TARTE AU CITRON HESPÉRIDE

6인분(타르트 2개)

준비
4시간

조리
3시간 20분

냉동
하룻밤

보관
냉장고에서 2일

도구
베이킹용 아세테이트
시트 2장
지름 6cm, 높이 2cm
타르트 링 2개
지름 16cm, 높이 2cm
타르트 링 2개
종이컵
핸드블렌더
지름 2.2cm, 깊이
2cm 구형 실리콘 몰드
(Moules à truffe)
지름 3.2cm, 깊이
2.8cm 구형 실리콘
몰드
지름 4cm, 깊이 3.6cm
구형 실리콘 몰드
벨벳 스프레이 건
짤주머니 + 생토노레
깍지 + 작은 원형 깍지
전동 스탠드 믹서
베이킹용 밀대
휘핑 사이펀 + 가스
캡슐 2개
체
조리용 온도계

재료

제누아즈 아몬드 스펀지
아몬드 페이스트(50%)
166g
달걀 100g
버터(상온의 포마드
상태) 40g
레몬 제스트 반 개분
밀가루 25g
베이킹파우더 3g

레몬 파트 사블레
버터 175g
슈거파우더 50g
달걀노른자 38g
소금 1g
아몬드 가루 30g
밀가루 190g
베이킹파우더 1g
레몬 제스트 반 개분

라임 크림
달걀 150g
설탕 150g
라임즙 107g
버터 233g
라임 제스트 반 개분
천연 식용 색소(그린)
몇 방울

스위스 머랭
달걀흰자 100g
설탕 200g

레몬 무스
판 젤라틴 9g
물 12g
레몬즙 50g
라임 크림 145g
스위스 머랭 110g
액상 생크림(유지방
35%) 110g

옐로 아몬드 페이스트
아몬드 페이스트(33%)
100g
천연 식용 색소(옐로)
몇 방울

**화이트 초콜릿 벨벳
스프레이**
화이트 초콜릿 100g
카카오 버터 80g

투명 글레이징
투명 나파주(nappage
neutre) 100g
물 15g
글루코스 시럽 10g

레몬, 라임 칩
레몬 1개
라임 1개

사이펀 스펀지
달걀노른자 50g
설탕 45g
레몬즙 30g
물 20g
밀가루 25g
달걀흰자 15g
녹인 버터 14g

완성 재료
미니 바질 잎 몇 장
핑거 라임(선택)

제누아즈 아몬드 스펀지 PAIN DE GÊNES

플랫비터를 장착한 전동 스탠드 믹서 볼에 아몬드 페이스트를 넣고 돌려 고루 풀어준다. 상온의 달걀을 조금씩 넣어가며 혼합한다. 플랫비터를 거품기 핀으로 교체한 다음 상온에서 부드러워진 포마드 상태의 버터와 그레이터로 간 레몬 제스트를 넣고 휘핑하듯 돌려 균일하게 혼합한다. 체에 친 밀가루와 베이킹파우더를 넣고 알뜰 주걱으로 살살 섞어준다. 유산지를 깐 오븐팬 위에 혼합물을 1.5cm 두께로 펼쳐 간다. 170℃로 예열한 오븐에 넣어 12분간 굽는다. 꺼내서 식힌 뒤 지름 16cm 틀로 찍어내 원반형 시트 2장을 만든다.

레몬 파트 사블레 PÂTE SABLÉE AU CITRON

플랫비터를 장착한 전동 스탠드 믹서 볼에 버터와 슈거파우더를 넣고 돌려 섞는다. 혼합물이 크리미한 질감을 띠기 시작하면 달걀노른자를 넣고 계속 돌려 섞는다. 마지막에 가루 재료와 레몬 제스트를 넣고 섞는다. 반죽을 덜어내 둥글넙적하게 뭉친 다음 랩으로 싸서 냉장고에 30분간 넣어둔다. 반죽을 두께 3mm로 얇게 민다. 지름 16cm 틀로 찍어내 원반형 시트 2장을 만든다. 유산지를 깐 오븐팬에 놓고 170℃로 예열한 오븐에서 10분간 굽는다.

라임 크림 CRÈME CITRON VERT

내열 유리볼에 달걀을 풀어준 다음 설탕과 레몬즙을 넣고 중탕 냄비 위에서 익힌다. 중간중간 거품기로 저어준다. 불에서 내린 뒤 혼합물이 50℃ 정도까지 식으면, 깍둑 썰어두었던 버터를 넣고 핸드 블렌더로 갈아 혼합한다. 이 중 145g은 레몬 무스용으로 따로 덜어내둔다. 지름 6cm 타르트 링에 라임 크림의 일부를 채운다. 나머지 라임 크림에는 라임 제스트와 식용 색소 미량을 첨가한다. 이 크림을 구형 실리콘 틀(소형 12개, 중형 6개)에 채워 넣는다. 모두 냉동실에 하룻밤 넣어둔다. 남은 라임 크림은 냉장고에 보관해 두었다가 조립 완성 때 사용한다.

스위스 머랭 MERINGUE SUISSE

달걀흰자와 설탕이 담긴 볼을 넣고 중탕 냄비 위에 놓고 거품기로 계속 휘저어주며 가열한다. 온도가 45℃에 이르면 불에서 내린 뒤 완전히 식을 때까지 계속 거품기로 저어 휘핑한다. 머랭 110g은 레몬 무스용으로 따로 덜어내 보관한다. 나머지 머랭의 반을 생토노레 깍지를 끼운 짤주머니에 채워 넣는다. 유산지를 깐 오븐팬 위에 길이 3cm의 꽃잎 모양으로 짜 놓는다. 원형 깍지로 바꿔 끼운 뒤 나머지 머랭을 전부 채워 넣는다. 지름 1cm의 작은 물방울 모양으로 유산지 위에 짜 놓는다. 70℃ 오븐에 넣어 3시간 동안 건조시킨다. 색이 나지 않도록 주의한다. 식힌 뒤 밀폐용기에 보관한다.

레몬 무스 MOUSSE LÉGÈRE AU CITRON

젤라틴을 찬물에 담가 말랑하게 불린다. 레시피 분량의 물을 뜨겁게 데운 뒤 불린 젤라틴을 꼭 짜서 넣고 녹인다. 레몬즙을 첨가한다. 이것을 라임 크림(145g)에 넣고 섞은 뒤 스위스 머랭(110g)을 넣고 잘 섞는다. 생크림을 부드럽게 휘핑한 다음 혼합물에 넣고 주걱으로 조심스럽게 섞어준다. 구형 실리콘 틀(중형 6개, 대형 8개)에 채운 뒤 냉동실에 하룻밤 넣어둔다.

옐로 아몬드 페이스트 PÂTE D'AMANDES COLORÉE

아몬드 페이스트에 식용 색소를 넣고 잘 섞어준다. 이것을 두 장의 유산지 사이에 넣고 밀대로 얇게 밀어준다. 폭 3.5cm의 띠 모양으로 2장을 잘라낸다. 길이는 지름 16cm 타르트 틀의 둘레에 맞춰 잘라준다.

투명 글레이즈 NAPPAGE NEUTRE

재료를 모두 냄비에 넣고 70℃까지 데운다. 스프레이 건 안에 채워 넣는다. 준비한 원형 시트들, 냉동 후 틀에서 꺼낸 라임 크림 볼 위에 고루 분사한다.

화이트 초콜릿 벨벳 스프레이 VELOURS CHOCOLAT BLANC

화이트 초콜릿과 카카오 버터를 내열 볼에 넣고 균일한 혼합물이 되도록 잘 저으며 중탕으로 50℃까지 가열해 녹인다. 스프레이 건 안에 채워 넣는다. 냉동실에 굳혀둔 레몬 무스 볼을 틀에서 꺼낸 뒤 스프레이 건으로 고루 분사한다.

레몬, 라임 칩 CHIPS DE CITRONS JAUNE ET VERT

라임, 레몬 칩을 만든다(p.122 테크닉 참조).

사이펀 스펀지 BISCUIT SIPHON

볼에 달걀노른자와 설탕을 넣고 색이 뽀얗게 변할 때까지 거품기로 휘저어 섞는다. 레몬즙과 물을 넣어준다. 밀가루, 달걀흰자, 이어서 녹인 버터를 넣어주며 혼합물이 응어리 없이 매끈하게 흐르는 질감이 될 때까지 계속 휘저어 섞는다. 혼합물을 휘핑 사이펀에 채워 넣고 가스 캡슐 2개를 끼운다. 종이컵 바닥을 칼끝으로 찔러 5개의 구멍을 낸 다음 기름을 살짝 칠해둔다. 사이펀을 짜서 혼합물을 종이컵에 반 정도 채운 뒤 전자레인지(출력 700W)에 넣고 15초씩 세 번에 나누어 익힌다.

조립하기 MONTAGE

서빙 접시에 파트 사블레 시트를 놓고 그 위에 제누아즈 아몬드 스펀지 시트를 얹어 놓는다. 라임 크림을 얇게 한 켜 덮어준다. 냉동해 굳힌 지름 6cm 원반형 라임 크림을 중앙에 놓는다. 동글동글한 모양으로 굳힌 라임 크림과 레몬 무스를 보기 좋게 고루 배치한다. 긴 띠 모양으로 잘라둔 아몬드 페이스트로 타르트를 둘러준다. 이음새를 꼭 눌러 잘 붙여준다. 스위스 머랭으로 만들어둔 모양 장식을 보기 좋게 얹어준다. 레몬, 라임 칩을 고루 얹고 사이펀 스펀지를 작게 찢어 얹어준다. 미니 바질 잎으로 장식하고, 중앙에 핑거 라임을 조금 얹어 완성한다.

오렌지 콩포트와 스파이스 향 바바

BABA, COMPOTÉE D'ORANGES, INFUSION AUX ÉPICES DOUCES

6인분

준비
2시간

조리
3시간

휴지
14시간

냉동
45분

보관
냉장고에서 3일

도구
길이 25cm, 지름 5cm
원통형 틀 2개
베이킹용 아세테이트
시트 2장
주방용 토치
지름 8cm 원형 커터
핸드블렌더
지름 2cm 구형 실리콘
틀(18구짜리)
짤주머니 + 다양한
사이즈의 깍지
전동 스탠드 믹서
조리용 온도계
아이스크림 메이커
지름 6cm, 높이 10cm
유리 용기(베린) 6개

재료

바바 반죽
우유(전유) 40g
제빵용 생이스트 4.5g
밀가루(T45) 100g
고운 소금 1.5g
설탕 8g
달걀 55g
바닐라 빈 ½줄기
녹인 버터 식힌 것 30g

적시는 시럽
물 275g
설탕 90g

바닐라 빈 ½줄기
화이트 럼 7.5g
오렌지 제스트 ½개분
라임 제스트 ½개분
시나몬 스틱 ½개
팔각 ½개
패션프루트 퓌레 18g
오렌지즙 30g

**캐러멜라이즈드
그리시니**
밀가루(T65) 30g
올리브오일 4g
고운 소금 0.15g
제빵용 생이스트 1g
물 15g
바닐라 가루
½테이블스푼
슈거파우더
2테이블스푼

오렌지 마멀레이드
오렌지 1.8kg
설탕 180g

**바닐라 마스카르포네
휩드 크림**
액상 생크림(유지방
35%) 30g
설탕 6g
바닐라 빈 ½줄기
오렌지 블러섬 워터 6g
마스카르포네 14g
젤라틴 가루 0.6g
물 4.5g
액상 생크림(유지방
35%, 차갑게 준비) 30g

오렌지 소르베
판 젤라틴(골드 200B)
2g
물 7g
설탕 45g
오렌지즙 160g

완성 재료
화이트 초콜릿(ivoire
카카오 35%) 150g
가든 크레스(cresson
alénois) 잎 18장

바바 반죽 PÂTE À SAVARIN

우유를 35℃까지 가열한다. 생이스트를 우유에 부수어 넣고 잘 저어 녹인다. 전동 스탠드 믹서 볼에 밀가루, 소금, 설탕을 넣고 플랫비터로 돌려 섞는다. 달걀, 바닐라 빈 가루, 생이스트를 푼 우유를 넣고 플랫비터를 계속 돌려 균일한 질감이 되도록 혼합한다. 녹인 버터를 넣고 부드럽고 탄력있는 혼합물이 되도록 계속 반죽한다. 짤주머니를 이용해 원통형 틀에 ⅔까지 채워 넣는다. 반죽이 원통형 틀 끝까지 부풀어 오르도록 상온에서 발효시킨다. 170℃로 예열한 오븐에 넣어 15분 정도 굽는다. 틀에서 꺼낸 뒤 160℃ 오븐에서 색이 나고 건조해질 때까지 약 15분 정도 더 굽는다. 망에 올려 식힌다.

적시는 시럽 SIROP D'IMBIBAGE

소스팬에 재료를 모두 넣고 설탕이 녹을 때까지 가열한다. 끓기 시작하면 불을 아주 약하게 줄인 뒤 30분 정도 향을 우려낸다. 불에서 내린 다음 뚜껑을 덮고 60℃까지 식힌다. 식힌 바바를 시럽에 푹 담근다. 뚜껑을 덮어 냉장고에 보관한다.

캐러멜라이즈드 그리시니 GRESSINS CARAMÉLISÉS

밀가루에 올리브오일, 소금, 이스트, 물을 넣고 손으로 반죽한다. 반죽을 둥글게 뭉친 뒤 랩으로 싸서 상온에 1시간 동안 둔다. 약 5g씩 떼어낸 다음 손바닥으로 가늘게 굴리며 길쭉하게 만든다. 유산지를 깐 오븐팬 위에 길쭉하게 민 반죽을 놓고 바닐라 가루와 슈거파우더를 솔솔 뿌려준다. 160℃ 오븐에서 15분간 굽는다. 다시 슈거파우더를 뿌린 다음 220℃ 오븐에서 1분간 구워 캐러멜라이즈한다.

오렌지 콩포트 MARMELADE D'ORANGES

오렌지의 속껍질까지 한번에 칼로 벗긴 다음 과육 세그먼트를 잘라낸다(p.68 테크닉 참조). 흐르는 오렌지즙은 볼을 받쳐 받아낸다. 과육 400g을 냄비에 넣고 설탕, 오렌지즙을 넣어준다. 잘 저어 섞어준다. 유산지를 냄비 사이즈로 잘라 뚜껑처럼 오렌지 과육 위에 덮어준다. 걸쭉해질 때까지 약불에서 약 2시간 동안 뭉근히 익힌다. 불에서 내린 뒤 상온으로 식힌다.

바닐라 마스카르포네 휩드 크림
CRÈME MONTÉE MASCARPONE VANILLÉE

하루 전 준비. 작은 볼에 분량의 찬물과 젤라틴 가루를 넣고 섞어 10분 정도 불려둔다. 소스팬에 생크림 30g, 설탕, 길게 갈라 긁은 바닐라 빈 가루, 오렌지 블러섬 워터를 넣고 설탕이 완전히 녹을 때까지 가열한다. 물에 불린 젤라틴을 넣고 잘 섞어준다. 볼에 마스카르포네를 담고 이 크림을 부어준다. 핸드블렌더로 갈아 혼합한다. 차가운 생크림 30g을 넣고 함께 갈아 혼합한 다음 랩을 씌워 냉장고에 12시간 동안 넣어둔다. 크림 혼합물을 거품기로 가볍게 휘핑한 다음 구형 실리콘 틀에 넣어 채운다. 냉동실에 약 1시간 동안 넣어 얼린다. 틀에서 뺀 다음 냉동실에 보관한다.

오렌지 소르베 SORBET ORANGE

하루 전 준비. 판 젤라틴을 찬물에 넣어 불린다. 소스팬에 물(7g), 설탕, 오렌지즙 분량의 ⅓을 넣고 아주 약하게 끓여 시럽을 만든다. 불에서 내린 뒤 물을 꼭 짠 젤라틴을 넣고 잘 섞어준다. 30℃가 될 때까지 식힌다. 여기에 나머지 오렌지즙을 넣고 핸드블렌더로 갈아 혼합한다. 밀폐용기에 담아 냉장고에 12시간 동안 보관한다. 다음 날, 아이스크림 메이커에 넣고 돌려 소르베를 만든다. 냉동실에 보관한다.

완성하기 FINITIONS

화이트 초콜릿을 템퍼링한다. 우선, 내열 볼에 잘게 썬 초콜릿을 넣고 중탕 냄비 위에 올려 45℃가 될 때까지 가열해 녹인다. 초콜릿이 다 녹으면 볼을 얼음과 물을 채운 큰 그릇 위에 놓고 잘 저어주며 온도를 낮춘다. 온도가 26~27℃(화이트 초콜릿의 경우)까지 떨어지면 초콜릿이 담긴 볼을 다시 중탕 냄비 위에 놓고 온도를 28~29℃로 올린다. 초콜릿용 투명 아세테이트 시트 2장 사이에 초콜릿을 얇게 펴놓고 지름 8cm 원형 커터를 이용해 동그라미 6장을 잘라낸다. 시트에서 쉽게 떨어질 수 있도록 굳힌다. 다양한 크기의 원형 깍지 끝을 토치로 살짝 달군 다음 초콜릿 원반에 구멍을 찍어낸다.

조립하기 MONTAGE

바바를 건져낸 다음 5cm 크기로 자르고 각 조각마다 중앙에 지름 2cm로 구멍을 내준다. 베린 글라스에 바바를 넣고 오렌지 콩포트를 넣어준다. 오렌지 소르베를 크넬 모양으로 얹고 구멍을 낸 초콜릿 원반을 올린다. 그 위에 휩드 크림 방울을 몇 개씩 얹는다. 가든 크레스 잎으로 장식하고 캐러멜라이즈드 그리시니를 한 개씩 꽂아준다.

만다린 귤, 화이트 무스, 올리브오일과 바닐라 아이스크림

MANDARINE, BLANCS MOUSSEUX ET CRÈME GLACÉE À L'HUILE D'OLIVE ET VANILLE

6인분

준비
2시간

조리
3시간 15분

냉장
2시간

보관
냉장고에서 24시간까지
(조립하기 전)

도구
실리콘 패드 2장
망국자
지름 2cm 원형 커터
지름 5cm 원형 커터
지름 8cm 원형 커터
핸드블렌더
베이킹용 붓
스펀지 시트용 실리콘
베이킹팬
전동 스탠드 믹서
베이킹용 밀대
L자 스패츌러
조리용 온도계
아이스크림 메이커

재료

달걀흰자 화이트 무스
달걀흰자 400g
설탕 140g
커스터드 분말 3g
크림 오브 타르타르
(주석산) 3g
달걀흰자 분말(선택) 3g
젤라틴 가루 10g
물 60g
오일 스프레이 또는
포도씨유 1테이블스푼

시트러스 비네그레트
만다린 귤즙 100g
레몬즙 100g
올리브오일 200g
투명 나파주(nappage
neutre) 100g

레몬 만다린 젤리
설탕 30g
한천 분말(agar agar)
5g
레몬즙 180g
물 120g
만다린 귤 제스트
쓰는 대로

마들렌 스펀지
달걀 100g
설탕 85g
꿀 35g
밀가루 100g
베이킹파우더 4g
만다린 귤 제스트
쓰는 대로
올리브오일 90g

만다린 마멀레이드
만다린 귤 220g
설탕 88g + 9g
레몬즙 59g
펙틴 NH 1g

건조 만다린 제스트
만다린 귤 제스트
쓰는 대로

머랭
달걀흰자 50g
설탕 100g
건조 만다린 제스트 5g
설탕 15g
아스코르빅산 3g

**올리브오일 바닐라
아이스크림**
우유 400g
트리몰린(전화당) 8g
바닐라 빈 3줄기
우유 분말 6g
설탕 72g
글루코스 36g
안정제 2.4g
올리브오일 54g

**만다린 제스트 파트
쉬크레**
밀가루 57g + 166g
버터(상온의 포마드
상태) 113g

슈거파우더 57g
아몬드 가루 57g
만다린 귤 제스트
쓰는 대로
달걀 48g
소금 2g

만다린 콩피
물 250g
설탕 50g
만다린 귤즙 2개분
만다린 귤 6개

데커레이션
만다린 귤 과육
세그먼트 1~2개분
미니 레드 소렐 잎 몇 장
건조 만다린 제스트
가루

달걀흰자 화이트 무스 BLANCS MOUSSEUX

전동 스탠드 믹서 볼에 달걀흰자, 설탕, 크림 오브 타르타르, 달걀흰자 분말을 넣고 거품기를 돌려 휘핑한다. 젤라틴 가루를 물 60g에 넣고 중탕으로 녹인 뒤 휘핑되고 있는 달걀흰자 혼합물에 천천히 넣어준다. 계속해서 돌려 단단하게 거품을 올린다. 큰 접시 위에 랩을 팽팽히 펴 놓은 다음 오일 스프레이를 뿌리거나 기름을 살짝 발라준다. L자 스패출러를 이용해 거품 올린 달걀흰자 무스를 2cm 두께로 펼쳐 놓는다. 화이트 무스가 형태를 갖춰 어느 정도 굳도록 중탕으로 몇 초간 익힌다.

시트러스 비네그레트 VINAIGRETTE

볼에 재료를 모두 넣고 핸드블렌더로 갈아 혼합한다. 사용할 때까지 냉장고에 보관한다.

레몬 만다린 제스트 젤리 GEL CITRON ET ZESTE DE MANDARINE

재료를 모두 소스팬에 넣고 설탕과 한천가루가 모두 녹을 때까지 가열한다. 살짝 끓기 시작하면 불에서 내린다. 핸드블렌더로 갈아 혼합한다. 굳을 때까지 식힌 다음 냉장고에 보관한다.

마들렌 스펀지 BISCUIT MADELEINE

전동 스탠드 믹서 볼에 달걀, 설탕, 꿀을 넣고 거품기를 돌려 섞는다. 가루 재료를 넣고 이어서 만다린 제스트를 넣어준다. 마지막으로 올리브오일을 넣고 잘 섞는다. 반죽을 스펀지용 오븐팬에 펼쳐 깔아준 다음 170℃로 예열한 오븐에서 12분간 굽는다. 식힌 뒤 원형 커터를 이용해 각각 지름 2cm짜리 원반형 6장, 지름 5cm짜리 원반형 6장을 잘라낸다.

만다린 마멀레이드 MARMELADE DE MANDARINES

만다린 귤을 씻은 뒤 통째로 끓는 물에 넣고 약 10분 정도 익힌다. 건져낸 다음 조리하기 용이하도록 세로로 적당히 등분한다. 자른 만다린 귤을 냄비에 넣고 설탕 88g과 레몬즙을 첨가한다. 핸드블렌더로 굵직하게 갈아준 다음 중불로 끓인다. 중간중간 저어준다. 걸쭉하게 원하는 농도가 되면, 펙틴과 섞은 나머지 분량의 설탕을 넣어준다. 잘 저어가며 다시 끓을 때까지 가열한다. 식힌다.

건조 만다린 제스트 ZESTE SÉCHÉ

만다린 귤의 껍질 제스트를 제스터로 긁어낸다. 유산지를 깐 오븐팬에 제스트를 흩뿌려 놓은 뒤 70℃ 오븐에서 2시간 동안 말린다. 곱게 다지거나 갈아준다.

머랭 MERINGUES

내열 볼에 달걀흰자와 설탕을 넣고 중탕 냄비 위에 올린 뒤 약 50℃에 이를 때까지 거품기로 휘저으며 가열한다. 불에서 내린 뒤 머랭이 완전히 식을 때까지 계속 거품기를 고속으로 돌려 섞는다. 유산지를 깐 오븐팬 위에 이 머랭을 얇게 펼쳐 놓는다. 또는 물방울 모양의 패턴 시트(chablon)를 사용해 문양을 만든다. 건조 만다린 제스트를 솔솔 뿌린다(마지막 데커레이션용으로 조금 남겨둔다). 설탕과 아스코르빅산을 섞은 뒤 머랭 위에 솔솔 뿌린다. 머랭이 바삭하게 건조될 때까지 80℃ 오븐에서 약 2시간 정도 굽는다. 머랭이 완전히 식으면 작게 깨트린 뒤 밀폐용기에 담아 보관한다.

올리브오일 바닐라 아이스크림 CRÈME GLACÉE À L'HUILE D'OLIVE ET VANILLE

냄비에 우유와 트리몰린을 넣고 끓인다. 바닐라 빈 가루, 우유 분말, 설탕, 글루코스 시럽, 안정제를 첨가한다. 올리브오일을 넣은 뒤 블렌더로 갈아 혼합한다. 아이스크림 메이커에 넣고 돌린다. 용기에 덜어낸 다음 냉동실에 보관한다.

만다린 제스트 파트 쉬크레 PÂTE SUCRÉE AUX ZESTES DE MANDARINE

전동 스탠드 믹서 볼에 모든 재료와 밀가루 57g을 넣고 플랫비터를 돌려 섞는다. 재료가 균일하게 혼합되면 나머지 밀가루를 넣고 살짝 섞어준다. 반죽을 작업대에 덜어낸 다음 손바닥으로 누르며 끊듯이 밀어준다(fraiser). 이 작업을 1~2회 정도 해준다. 반죽을 덩어리로 뭉친 다음 넓적하게 만든다. 랩으로 싸서 냉장고에 1시간 넣어둔다. 반죽을 꺼내 2mm 두께로 민 다음 원형 커터를 이용해 각각 지름 2cm짜리 6개, 지름 5cm짜리 6개의 원반형으로 잘라낸다. 이 원형의 반죽을 두 장의 실리콘 패드 사이에 넣고 160℃ 오븐에서 약 15분간 굽는다.

만다린 콩피 MANDARINES CONFITES

냄비에 물, 설탕, 만다린 귤즙을 넣고 끓인다. 여기에 껍질을 벗긴 만다린을 통째로 넣고 5~10분간 끓인다. 망국자로 건져낸 다음 남은 시럽을 반으로 졸인다. 졸인 시럽을 만다린 귤에 끼얹어 준다. 상온으로 식힌다.

조립하기 MONTAGE

기름을 살짝 바른 지름 8cm 원형 커터를 이용해 달걀흰자 화이트 무스를 6개의 원반형으로 잘라낸다. 지름 5cm 원형 커터로 다시 중앙을 찍어내 링 모양으로 만들어준다. 각 서빙 접시 위에 이 링을 하나씩 놓고 한 지점을 자른 뒤 벌어진 공간에 만다린 콩피를 한 개씩 놓는다. 그 위에 만다린 제스트 파트 쉬크레로 구운 과자(지름 2cm짜리)를 올린다. 링의 중앙에는 지름 5cm짜리 파트 쉬크레 과자를 놓는다. 마들렌 스펀지를 비네그레트에 적신 뒤 파트 쉬크레 과자 위에 놓고 건조 제스트를 뿌린다. 그 위에 만다린 마멀레이드와 레몬 만다린 젤리를 조금 얹고 비네그레트를 발라준다. 만다린 과육 세그먼트(p.68 테크닉 참조) 몇 조각을 화이트 무스 위에 고루 얹어준다. 레드 소렐 잎, 건조 만다린 제스트 가루, 작게 자른 젤리 조각, 머랭 조각을 보기좋게 얹어 장식한다. 스푼을 뜨거운 물에 담갔다 뺀 다음 아이스크림을 달팽이처럼 말아 떠서 화이트 무스 위에 올린다. 남은 비네그레트를 곁들여 바로 서빙한다.

셰프의 조언

물방울 모양 또는 원하는 다른 모양으로 직접 패턴 시트 샤블롱을 만들어 사용해도 좋다. 아주 얇은 플라스틱 용기 뚜껑에 원하는 모양을 그린 뒤 커터 칼로 잘라내면 된다. 이 패턴 샤블롱을 이용해 머랭 등을 원하는 모양으로 만들 수 있다.

금귤 파운드케이크
CAKE AU KUMQUAT

6인분

준비
45분

조리
35분

보관
3일

도구
전동 스탠드 믹서
양끝 모서리가 둥근
파운드케이크 틀(22 x
5.5cm, 높이 4.5cm)
긴 타원형 링(21 x
5.5cm, 높이 2.5cm)

재료

금귤 콩피
당절임 금귤(p.84
테크닉 참조) 5~6개
밀가루 쓰는 대로

파운드케이크 반죽
버터 90g
슈거파우더 87g
달걀 75g
아몬드 가루 25g
밀가루 105g
옥수수 전분 17g
베이킹파우더 3.5g
금귤즙 17g
우유(전유) 17g

칼라만시 젤리
한천 분말(agar agar)
3g
설탕 33g
오렌지즙 17g
칼라만시 퓌레 55g

시럽
물 150g
설탕 100g
금귤 제스트 3개분

데커레이션
말린 금귤(p.122
테크닉 참조)

파운드케이크 반죽 PÂTE À CAKE
전동 스탠드 믹서 볼에 버터와 슈거파우더를 넣고 플랫비터를 돌려 섞는다. 혼합물이 뽀얀 색을 내며 크리미한 질감이 되면 상온의 달걀을 조금씩 넣어가며 계속 섞어준다. 아몬드 가루, 밀가루, 옥수수 전분, 베이킹파우더를 넣고 섞어준다. 금귤즙과 상온의 우유를 첨가하고 잘 섞는다.

칼라만시 젤리 GELÉE DE KALAMANSI
한천가루와 설탕을 섞는다. 소스팬에 오렌지즙과 칼라만시 퓌레를 넣고 설탕, 한천가루 혼합물을 넣어준다. 잘 저어 섞은 뒤 끓을 때까지 가열한다. 불에서 내린 뒤 식힌다.

시럽 SIROP
소스팬에 물, 설탕, 금귤 제스트를 넣고 설탕이 녹도록 가열한다. 끓기 시작하면 불에서 내린 뒤 상온으로 식힌다.

조립하기 MONTAGE
양끝이 둥근 긴 파운드케이크 틀의 바닥과 내벽에 유산지를 깔아준다. 파운드케이크 반죽을 틀의 ¾까지 채워 넣는다. 당절임한 금귤을 통째로 밀가루에 굴려 묻힌 뒤 파운드케이크 반죽에 고루 배치한다. 175℃로 예열한 오븐에 넣어 35분간 굽는다. 칼끝으로 찔러보아 아무것도 묻어 나오지 않으면 다 익은 것이다. 오븐에서 꺼내 10분간 휴지시킨 다음 틀을 제거한다. 상온으로 식은 시럽을 파운드케이크 위에 스푼으로 끼얹어 적셔준다. 케이크가 완전히 식으면 약간 작은 사이즈의 긴 타원형 링을 위에 얹은 뒤 칼라만시 젤리를 흘려 넣는다. 그 상태로 10분 정도 기다린 다음 링 틀을 제거한다. 말린 금귤 슬라이스를 얹어 장식한다.

슈거 글레이즈드 유자 마들렌
MADELEINES AU YUZU, GLAÇAGE AU SUCRE

24개분

준비
20분

조리
11분

휴지
12시간

냉장
10분

보관
랩으로 씌운 뒤 건냉한
장소에서 1주일

도구
식힘 망
핸드믹서
핸드블렌더
마들렌 틀
베이킹용 붓
짤주머니 + 지름 8mm
원형 깍지
주걱
체

재료

마들렌
버터 180g
달걀 150g
설탕 125g
고운 소금 0.6g
아카시아 꿀 25g
포도씨유 12g
밀가루(T55) 135g
베이킹파우더 7g
아몬드 가루 45g
우유(전유) 30g

글라사주
슈거파우더 45g
유자즙 15g

유자 콩피
설탕 20g
펙틴 NH 3.5g
한천 분말(agar agar)
1g
유자즙 25g
물 100g

마들렌 MADELEINES
버터를 녹인다. 볼에 달걀과 설탕, 소금, 꿀을 넣고 거품기로 저어 섞는다. 포도씨유를 넣고 베이킹파우더와 함께 체에 친 밀가루, 아몬드 가루를 넣어 섞는다. 따뜻한 온도의 녹인 버터를 넣고 잘 섞은 뒤 우유를 넣는다. 랩을 씌운 뒤 냉장고에 최소 2시간 넣어둔다(가능하면 12시간 휴지시키는 것이 좋다). 마들렌 반죽을 주걱으로 저어 풀어준 다음 원형 깍지를 끼운 짤주머니에 채워 넣는다. 마들렌 틀에 버터를 바르고 밀가루를 묻힌 다음 짤주머니로 반죽을 짜 넣는다. 냉장고에 잠깐 넣어 휴지시킨다. 반죽이 차가워져야 한다. 190°C로 예열한 오븐에서 2분간 구운 뒤 오븐 온도를 170°C로 낮추고 7분간 더 굽는다. 다 구워진 마들렌을 틀에서 꺼낸 뒤 식힘 망 위에 올려 식힌다.

글라사주 GLAÇAGE
볼에 슈거파우더와 유자즙을 넣고 거품기로 저어 녹여준다.

유자 콩피 CONFIT YUZU
설탕, 펙틴, 한천 분말을 섞는다. 소스팬에 유자즙과 물을 넣고 가열한다. 여기에 펙틴, 한천 분말과 섞은 설탕을 넣고 30초간 끓인다. 볼에 덜어낸 다음 랩을 밀착되게 덮어준다. 냉장고에 넣어 완전히 굳을 때까지 식힌다. 핸드블렌더로 갈아 흐르는 질감의 젤을 만든다. 깍지를 끼우지 않은 짤주머니에 채워 넣는다.

조립하기 MONTAGE
마들렌의 골을 따라 붓으로 글라사주를 발라 씌운다. 170°C 오븐에 넣어 글라사주가 굳도록 1분간 굽는다. 마들렌의 봉곳 솟아오른 부분을 찔러 작은 구멍을 낸 다음 유자 콩피를 채워 넣는다.

카피르 라임, 마시멜로, 프랄리네 초콜릿
TABLETTE CHOCOLAT COMBAWA, GUIMAUVE ET PRALINÉ

2개분

준비
1시간

조리
30분

굳히기
2시간

보관
5일

도구
시트러스 단면 모양
틀(지름 10cm, 두께
1.5cm) 또는 태블릿
초콜릿 틀 2개
짤주머니 + 지름 6mm
프티푸르용 원형 깍지
푸드 프로세서
전동 스탠드 믹서
실리콘 패드
조리용 온도계
설탕 시럽용 온도계

재료

**카피르 라임 헤이즐넛
프랄리네**
헤이즐넛 21g
설탕 12g
물 4g
글루코스 시럽 4g
바닐라 빈 1줄기
고운 소금 0.5g
카카오 버터 2.8g
카피르 라임 제스트 1g

카피르 라임 마시멜로
설탕 25g
물 15g
전화당 7.5g + 11g
젤라틴 가루 2g
찬물 14g
카피르 라임 제스트 1g

초콜릿 코팅
다크 커버처 초콜릿
(카카오 64%) 200g

카피르 라임 헤이즐넛 프랄리네 PRALINÉ NOISETTES COMBAWA

유산지를 깐 오븐팬 위에 헤이즐넛을 펼쳐 놓은 뒤 140°C 오븐에서 20분간 로스팅한다. 소스팬에 설탕, 물, 글루코스, 길게 갈라 긁은 바닐라 빈 가루를 넣고 가열해 녹인 다음 캐러멜 색이 날 때까지 끓인다. 여기에 소금과 구운 헤이즐넛을 넣고 잘 섞는다. 혼합물을 실리콘 패드 위에 쏟아 붓고 식힌다. 이것을 손으로 대충 부순 다음 푸드 프로세서에 넣고 갈아준다. 온도가 너무 올라가지 않도록 중간중간 끊어가며 갈아준다. 온도가 35°C를 넘으면 헤이즐넛의 유분이 분리될 우려가 있으니 주의한다. 카카오 버터를 중탕으로 30°C까지 가열해 녹인 뒤 헤이즐넛 프랄리네에 넣고 잘 섞는다. 카피르 라임 제스트를 넣고 상온으로 식힌다. 다시 한 번 곱게 갈아준다.

카피르 라임 마시멜로 GUIMAUVE COMBAWA

가루 젤라틴에 분량의 찬물(14g)을 넣고 약 10분간 불린다. 소스팬에 설탕, 물(15g), 전화당 7.5g을 넣고 가열해 녹인 뒤 110°C가 될 때까지 끓인다. 이 시럽을 전동 스탠드 믹서 볼에 넣고 나머지 분량의 전화당, 물에 불린 젤라틴을 넣어준다. 중간 속도(속도 3)에 맞춘 뒤 혼합물이 걸쭉해지면서 가볍게 부풀어오를 때까지 거품기로 3분간 돌려 휘핑한다. 속도를 2로 줄인 다음 완전히 식을 때까지 돌려준다. 카피르 라임 제스트를 넣고 잘 섞어준다.

초콜릿 템퍼링하기 MISE AU POINT DU CHOCOLAT

내열 볼에 잘게 썬 초콜릿을 넣고 중탕 냄비 위에 올린 뒤 50°C까지 가열해 녹인다. 초콜릿이 녹으면 그 볼을 얼음과 물이 담긴 다른 큰 볼에 놓고 잘 저어 섞어주며 식힌다. 초콜릿의 온도가 28~29°C로 떨어지면 다시 볼을 중탕 냄비 위에 올린 뒤 31~32°C까지 온도를 높인다.

조립하기 MONTAGE

템퍼링한 초콜릿을 틀에 부어 한 켜를 깔아준 뒤 몇분간 식혀 굳힌다. 지름 6mm 원형 깍지를 끼운 짤주머니를 이용해 마시멜로를 틀 높이의 반 정도까지 채워 넣는다. 손으로 만졌을 때 끈적하게 묻어 나오지 않을 때까지 몇분간 굳힌다. 그 위에 프랄리네를 한 켜 덮어준다. 이때 틀 높이에서 2mm 정도 공간을 남겨두어야 한다. 프랄리네의 표면이 굳을 때까지 몇 분간 둔다. 템퍼링한 나머지 초콜릿으로 덮어준다. 상온에서 2시간 동안 굳힌다. 초콜릿이 틀 안에서 수축되면 틀에서 조심스럽게 분리한다.

셰프의 조언

· 이 레시피는 일반 태블릿 초콜릿 틀 사용도 가능하다.

· 달걀흰자를 베이스로 하지 않은 이 마시멜로는 전자레인지에 살짝 돌려 부드럽게 만든 뒤 재사용할 수 있다.

랑구스틴, 핑거 라임, 치아씨드 튀일
LANGOUSTINE, CITRON CAVIAR ET TUILE DE CHIA

4인분

준비
1시간 30분

냉장
12시간

냉동
1시간 15분

휴지
24시간

조리
3시간 45분

보관
2일

도구
가위
고운 체망
만돌린 슬라이서
블렌더
고운 면포
스포이트
나무꼬치
짤주머니
실리콘 패드

재료

향 우려낸 국물 만들기
물 250g
고운 소금 12.5g
설탕 7.5g
월계수 잎 1장
시나몬 스틱 ½개
팔각 1개

랑구스틴
랑구스틴(각 150~250g
의 큰 사이즈) 4마리
향을 우려낸 국물 250g
(위 레시피 참조)

딜 오일
포도씨유 115g
딜 65g
시금치 30g

요거트 부이용
그릭 요거트 100g
플레인 요거트 125g
고운 소금 3g

오이 피클
물 50g
화이트 식초 50g
설탕 50g
고운 소금 2g
오이 60g

사과 브뤼누아즈
사과(Granny Smith
품종) 50g
레몬 1개

치아씨드 튀일
물 20g
치아씨드 10g
포도씨유 150g

커드치즈 크림
샬롯 1티스푼
차이브 1테이블스푼
커드(요거트 부이용
참조) 60g
타임 꿀 ½티스푼
화이트 발사믹 식초
1티스푼
고운 소금
롱 페퍼(필발)
에스플레트 고춧가루

완성 재료
올리브오일
핑거 라임 1개
베이비 크레스 잎
(kikuna cress,
persinette cress,
borage cress)

향 우려낸 국물 만들기 DÉCOCTION

하루 전, 소스팬에 물 100g, 소금, 설탕을 넣고 가열한다. 나머지 물에 향신 재료를 모두 넣고 냉동실에 넣어둔다. 소스팬의 물이 끓기 시작하면 냉동실의 찬물을 바로 부어준다. 열 쇼크를 일으켜 소금의 용해를 도와주는 효과가 있다. 냉장고에 12시간 보관한다.

랑구스틴 LANGOUSTINES

향을 우려낸 국물을 랑구스틴 준비하기 한 시간 전에 냉동실에 넣어둔다. 랑구스틴(가시발새우, 스캄피)의 머리를 떼어낸 뒤 꼬리 맨 끝마디를 남기고 몸통 껍질을 벗긴다(다듬고 난 껍질과 머리는 보관해두었다가 다른 레시피에 활용한다). 랑구스틴 살의 배쪽에 살짝 칼집을 낸 뒤 내장을 제거한다. 흐르는 물에 재빨리 헹군다. 향을 우린 국물에 랑구스틴을 조심스럽게 넣어 4분간 재운 뒤 꺼낸다. 물기를 제거한 다음 랩으로 덮어 냉장고에 넣어둔다.

딜 오일 HUILE D'ANETH

포도씨유를 85℃까지 가열한 다음 모든 재료와 함께 블렌더에 넣고 갈아준다. 고운 체에 거른 뒤 깍지를 끼우지 않은 짤주머니에 채워 넣고 2시간 동안 매달아둔다. 짤주머니 끝을 찔러 구멍을 낸 다음 밑에 가라앉은 건더기 침전물을 빼낸다. 색과 향이 밴 오일을 덜어낸 다음 스포이트에 넣어준다. 남은 오일은 냉장고 또는 빛이 들지 않는 서늘한 곳에 두었다가 다른 용도로 사용해도 좋다.

요거트 부이용 BOUILLON DE YOGOURT

소스팬에 두 가지 요거트와 소금을 넣고 가열한다. 응고되면서 액체와 분리되면 고운 면포에 걸러 커드와 유청을 분리해준다. 여기에서 걸러낸 커드는 커드치즈 크림에 사용한다. 냉장고에 보관한다.

오이 피클 PICKLES DE CONCOMBRE

냄비에 물, 식초, 설탕, 소금을 넣고 끓인다. 뚜껑을 덮고 식힌 뒤 냉장고에 보관한다. 오이를 씻은 뒤 만돌린 슬라이서를 이용해 1.5mm 두께로 길게 슬라이스한다. 중앙의 씨 부분은 잘라낸다. 오이 슬라이스를 피클액에 담가 5분간 절인 뒤 나무 꼬챙이 2개를 감싸며 돌돌 말아준다.

사과 브뤼누아즈 BRUNOISE DE POMMES

사과의 껍질을 벗긴 뒤 브뤼누아즈로 잘게 깍둑 썬다. 갈변을 막기 위해 레몬즙을 넣은 물에 담가둔다.

치아씨드 튀일 TUILE DE CHIA

물을 끓인 뒤 치아씨드에 붓고 잘 섞는다. 랩을 씌워 상온에 24시간 동안 둔다. 실리콘 패드를 깐 오븐팬에 불린 치아씨드를 얇게 펼쳐놓은 뒤 80℃ 오븐에서 3시간 동안 건조시킨다. 일정한 크기로 깨트린 다음 180℃ 포도씨유에 넣고 바삭하게 튀긴다. 건져서 종이타월 위에 놓고 여분의 기름을 뺀 다음 건조한 곳에 보관한다.

커드치즈 크림 CRÈME DE FROMAGE FRAIS

샬롯과 차이브를 잘게 썬다. 요거트에서 분리한 커드를 스푼으로 저어 풀어준 다음 재료를 모두 넣고 섞는다. 소금, 후추, 에스플레트 고춧가루로 간을 맞춘다. 냉장고에 보관한다.

완성하기 FINITIONS

요거트 유청을 따뜻하게 데운 뒤 딜 오일을 몇 방울 떨어트린다. 휘저어 섞지 않는다. 팬에 올리브오일을 한 바퀴 두른 뒤 랑구스틴을 등쪽이 아래로 오도록 놓고 살짝 지진다. 한 면만 2~3분 익혀 배쪽은 살짝 진줏빛이 돌도록 한다. 간을 한 다음 건져 놓는다. 핑거 라임을 반으로 갈라 과육 알을 꺼낸다.

플레이팅 DRESSAGE

접시에 커드치즈 크림을 한 스푼 놓고 그 위에 랑구스틴을 올린다. 사과 브뤼누아즈를 건져 랑구스틴 등 위에 놓고 그 위에 핑거 라임 과육 알을 얹어준다. 돌돌 만 오이 피클과 치아씨드 튀일을 보기 좋게 배치한다. 요거트 유청을 조금 붓고 크레스 잎을 얹어 장식한다.

자몽 뷔슈 케이크
BÛCHE AU PAMPLEMOUSSE

6인분

준비
1시간 30분

조리
10분

냉장
2시간

냉동
3시간

보관
냉장고에서 24시간

도구
핸드믹서
제스터
핸드블렌더
조리용 온도계
아세테이트 롤(지름
2cm, 길이 25cm로
만든다)

재료

조콩드 스펀지
슈거파우더 135g
아몬드 가루 135g
달걀 180g
달걀흰자 120g
설탕 18g
밀가루 36g
녹인 버터 27g

서양배 무스
판 젤라틴 4g
딜걀 150g
달걀노른자 120g
설탕 100g
서양배 퓌레 400g
버터 160g

자몽 시럽
물 50g
설탕 50g
자몽즙 50g

자몽 크레뫼
판 젤라틴 7g
우유(전유) 250g
설탕 50g
달걀노른자 50g
화이트 초콜릿 155g
자몽즙 140g

완성 재료
화이트 자몽 1개
핑크 자몽 1개
시럽에 절인 서양배 1개
아필리아 크레스(Affilia
cress) 잎

조콩드 스펀지 BISCUIT JOCONDE

볼에 슈거파우더와 아몬드 가루, 달걀을 넣고 핸드믹서 거품기를 돌려 걸쭉하고 크리미한 질감이 될 때까지 섞어준다. 다른 볼에 달걀흰자를 넣고 설탕을 넣어가며 거품기로 단단하게 휘핑한다. 거품 올린 달걀흰자를 알뜰 주걱으로 덜어내 첫 번째 볼에 넣고 접어 돌리듯이 살살 섞어준다. 밀가루를 넣고 잘 섞는다. 마지막으로 녹인 버터를 넣고 조심스럽게 섞어준다. 유산지를 깐 오븐팬에 스펀지 반죽 혼합물을 1cm 두께로 펼쳐 깔아준다. 180℃로 예열한 오븐에서 9분간 굽는다. 꺼내서 식힌다.

서양배 무스 MOUSSE À LA POIRE

젤라틴을 찬물에 담가 말랑하게 불린다. 볼에 달걀, 달걀노른자, 설탕을 넣고 걸쭉하고 뽀얗게 될 때까지 거품기로 저어 섞는다. 냄비에 서양배 퓌레와 거품기로 저어 섞은 달걀 혼합물을 넣고 잘 저어주며 가열한다. 끓기 시작하면 불에서 내린 뒤 물에 불려 꼭 짠 젤라틴을 넣고 잘 녹여 섞어준다. 얼음과 물이 담긴 큰 볼에 냄비를 담가 45℃까지 식힌다. 녹인 버터를 넣고 잘 섞는다. 냉장고에 1시간 동안 넣어둔다.

자몽 시럽 SIROP DE PAMPLEMOUSSE

소스팬에 물과 설탕을 넣고 녹인 뒤 끓을 때까지 가열한다. 시럽에 자몽즙을 넣고 잘 저어준다. 냉장고에 넣어 완전히 식힌다.

자몽 크레뫼 CRÉMEUX PAMPLEMOUSSE

젤라틴을 찬물에 담가 말랑하게 불린다. 크렘 앙글레즈를 만든다. 우선 냄비에 우유, 설탕 분량의 반을 넣고 가열한다. 볼에 달걀노른자와 나머지 분량의 설탕을 넣고 뽀얗고 걸쭉한 상태가 될 때까지 거품기로 휘저어 섞는다. 우유가 끓으면 일부를 달걀, 설탕 혼합물에 붓고 거품기로 섞어 풀어준다. 다시 냄비에 옮겨 담고 주걱으로 계속 저어주며 82℃까지 가열한다. 주걱을 들어올렸을 때 묽게 흐르지 않고 묻어 있는 농도가 되면 적당하다. 이 크렘 앙글레즈 140g을 덜어낸 다음 물을 꼭 짠 젤라틴을 넣어 녹인다. 이것을 잘게 자른 화이트 초콜릿에 붓는다. 핸드블렌더로 갈아 혼합한 다음 자몽즙을 넣어준다. 자몽 크레뫼 400g을 아세테이트 파이프 안에 흘려 넣는다. 냉동실에 3시간 동안 넣어 굳힌다.

완성하기 FINTIONS

제스터로 자몽 껍질의 제스트를 저며낸다(p.64 테크닉 참조). 물에 3번 데쳐내 쓴맛을 제거한다. 다른 소스팬에 통조림 서양배 시럽을 넣고 끓인다. 자몽 껍질 제스트를 이 시럽에 넣고 다시 한 번 데쳐낸다. 두 가지 색의 자몽을 속껍질까지 한번에 칼로 잘라 벗긴 뒤 과육만 세그먼트로 잘라낸다(p.68 테크닉 참조). 시럽에 담긴 통조림 서양배를 사방 5mm 크기로 작게 깍둑 썬다.

조립하기 MONTAGE

조콩드 스펀지를 25 x 40cm 직사각형으로 자른다. 스펀지 시트에 자몽 시럽을 붓으로 적셔준 뒤 서양배 무스를 0.5cm 두께로 한 켜 발라준다. 케이크를 말아서 마무리할 수 있도록 짧은 면의 한쪽 끝에 5cm 정도 공간을 남겨둔다. 서양배 무스 켜 위에 작게 썬 통조림 서양배를 고루 뿌린다. 원통형으로 굳힌 자몽 크레뫼를 가장자리에 놓고 케이크를 말아준다. 롤케이크 위에 핑크 자몽, 화이트 자몽 과육 세그먼트를 보기 좋게 고루 올린다. 자몽 제스트와 크레스 잎을 얹어 장식한다.

셰프의 조언

뷔슈 케이크를 말 때 유산지를 이용하면
스펀지 시트가 찢어지는 것을 막을 수 있어
더 편리하다.

포멜로, 아보카도 퓌레, 자몽 클라우드를 곁들인 킹크랩

CRABE ROYAL ET POMÉLO, PURÉE D'AVOCATS ET NUAGE DE PAMPLEMOUSSE

4인분

준비
1시간

조리
1시간

보관
냉장고에서 2일
(조립하기 전)

도구
블렌더
토치
고운 체망
지름 5cm 원형 커터
핸드블렌더
아세테이트 시트
작은 체망
스포이트 또는
짤주머니
휘핑 사이펀(500ml) +
가스 캡슐 1개

재료

스파이시 마요네즈
달걀노른자 10g
디종 머스터드 2.5g
홀스래디시 2.5g
포도씨유 100g
라임즙 5g
태국 칠리 페이스트
(남프릭파오) 40g
소금, 후추

오이 파우더(선택)
오이 200g

자몽 베일
판 젤라틴(골드 200B)
2g
자몽즙 100g
설탕 10g
한천 분말(agar agar) 1g

자몽 클라우드
판 젤라틴(골드 200B)
2g
우유(전유) 25g
바닐라 빈 ½줄기
설탕 10g
핑크 자몽즙 100g

아보카도 퓌레
아보카도(hass) 125g
포도씨유 5g
라임즙 3g
에스플레트 고춧가루
(기호에 따라 선택) 1.5g
소금, 후추

완성 재료
익힌 킹크랩 다릿살
320g
포멜로 40g
베이비 크레스 잎
(kikuna, persinette,
borage)
실고추

스파이시 마요네즈 SPICY MAYONNAISE

볼에 달걀노른자, 머스터드, 홀스래디시, 소금, 후추를 넣고 거품기로 저어 섞는다. 오일을 조금씩 넣어가며 거품기로 계속 휘저어 유화한다. 소스가 분리되지 않도록 레몬즙을 넣어준다. 칠리 페이스트를 풀어준 다음 마요네즈에 조금씩 넣으며 섞는다. 플레이팅할 때까지 냉장고에 보관한다.

오이 파우더(선택) POUDRE DE CONCOMBRE (FACULTATIF)

오이를 씻은 뒤 껍질째 세로로 길게 4등분한다. 유산지를 깐 오븐팬 위에 오이를 놓고 220℃ 오븐에서 약 1시간 정도 굽는다. 오이가 검은색을 띠면 오븐에서 꺼낸다. 식힌 뒤 블렌더로 갈아준다. 밀폐용기에 보관한다.

자몽 베일 VOILE DE PAMPLEMOUSSE

젤라틴을 찬물에 담가 말랑하게 불린다. 소스팬에 자몽즙을 넣고 데운 뒤 설탕, 한천 분말을 넣고 잘 녹여 1분간 끓인다. 불에서 내린 다음 물을 꼭 짠 젤라틴을 넣고 잘 섞는다. 아세테이트 시트를 깐 오븐팬에 혼합물을 흘려 넣고 2mm로 펼쳐준다. 냉장고에 넣어 식힌다. 지름 5cm 원형 커터로 4장을 잘라낸다. 플레이팅할 때까지 냉장고에 보관한다.

자몽 클라우드 NUAGE DE POMÉLOS

젤라틴을 찬물에 담가 말랑하게 불린다. 소스팬에 우유, 길게 갈라 긁은 바닐라 빈, 설탕을 넣고 가열한다. 물을 꼭 짠 젤라틴을 넣고 녹인 뒤 자몽즙을 넣어준다. 핸드블렌더로 갈아 혼합한다. 고운 체망에 거른 뒤 휘핑 사이펀에 채워 넣는다. 가스 캡슐을 끼운 뒤 플레이팅할 때까지 냉장고에 보관한다.

아보카도 퓌레 PURÉE D'AVOCATS

재료를 모두 블렌더로 갈아준다. 간을 맞춘 뒤 고운 체에 내려 매끈한 질감의 퓌레를 만든다. 스포이트 또는 짤주머니에 채워 넣은 뒤 냉장고에 보관한다.

조립하기 MONTAGE

킹크랩 다릿살을 발라낸 다음 3등분한다. 스파이시 마요네즈 소스를 그중 두 조각에 넉넉히 발라준 뒤 토치로 그슬리거나 190℃로 예열한 오븐 브로일러에 2분간 데운다. 포멜로 자몽의 과육 세그먼트를 잘라낸 다음 작게 자르고 살짝 토치로 그슬려준다. 접시 바닥에 오이 파우더를 작은 체망으로 뿌려준다. 킹크랩과 포멜로 조각을 보기 좋게 배치한다. 원형으로 잘라둔 자몽 베일을 덮어준 뒤 아보카도 퓌레를 방울방울 짜 놓는다. 자몽 클라우드를 짜 놓는다. 베이비 크레스 잎과 실고추를 얹어 장식한다.

부다즈핸드 밀푀유

MILLE-FEUILLE À LA MAIN DE BOUDDHA

6인분

준비
7시간 30분

냉장
8시간

냉동
20분

조리
1시간 10분

보관
냉장고에서 2일

도구
식힘 망
만돌린 슬라이서
블렌더
짤주머니
전동 스탠드 믹서
베이킹용 밀대
실리콘 패드

재료

클래식 푀유타주
데트랑프
체에 친 밀가루 400g
물 200g
고운 소금 12g
상온의 포마드 버터
60g
화이트 식초 3g
밀어접기
푀유타주용 저수분
버터 350g

캐러멜 가루
설탕 100g

레몬 디플로마트 크림
우유(전유) 141g
달걀노른자 30g
설탕 45g
커스터드 분말 15g
레몬즙 47g
젤라틴 가루 2.5g
물 15g
액상 생크림(유지방
35%) 112g

잔두야 크레뮈
액상 생크림(유지방
35%) 55g
우유(전유) 28g
설탕 8g
달걀노른자 17g
젤라틴 가루 1g
물 6g
잔두야 45g
버터 14g

부다즈핸드 콩피
부다즈핸드 1개
물 100g
설탕 100g
바닐라 빈 1줄기

완성 재료
잔두야 50g
(p.114 테크닉 참조)

클래식 푀유타주 FEUILLETAGE CLASSIQUE

전동 스탠드 믹서 볼에 데트랑프 재료를 모두 넣고 도우훅을 돌려 균일하게 반죽한다. 반죽을 두 장의 유산지 사이에 넣고 밀대로 밀어 30 x 20cm 직사각형을 만든다. 냉장고에 1시간 넣어둔다. 푀유타주용 저수분 버터를 25 x 20cm 직사각형으로 밀어준다. 냉장고에 1시간 넣어둔다. 데트랑프 반죽을 버터의 2배 길이가 되도록 밀어준다. 반죽 위에 버터를 놓고 감싸 덮은 다음 가장자리를 잘 붙여 밀봉한다. 작업대 위에 밀가루를 살짝 뿌린 뒤, 버터를 감싼 반죽을 길이 60cm, 폭 25cm 크기로 밀어준다. 양끝을 중앙으로 각각 모아 접고 다시 반으로 접는다(4절 접기). 반죽을 오른쪽으로 90도 회전시킨다. 다시 반죽을 길게 민 다음 3등분으로 접어준다(3절 접기). 이로써 반죽은 밀어접기 총 2.5회를 마친 상태가 된다. 반죽을 랩으로 싸서 냉장고에 1시간 넣어둔다. 꺼내서 3절 접기를 2회 더 실행한다. 다시 랩으로 싸서 냉장고에 2시간 넣어둔다. 반죽을 1cm 두께로 밀어 25 x 15cm 크기의 직사각형 3장을 준비한다. 포크나 펀칭 롤러로 찔러준 다음 유산지를 깐 오븐팬 위에 놓는다. 냉동실에 20분간 넣어둔다. 반죽 위에 유산지를 한 장 덮은 뒤 오븐팬을 한 장 더 올려준다. 170℃로 예열한 오븐에서 황금색이 날 때까지 약 30분간 굽는다.

캐러멜 가루 CARAMEL EN POUDRE

소스팬에 설탕을 넣고 황금색 캐러멜이 될 때까지 가열한다. 유산지 또는 실리콘 패드를 깐 오븐팬 위에 캐러멜을 붓고 완전히 식힌다. 식은 캐러멜을 작게 부순 뒤 블렌더에 넣고 갈아 가루로 만든다. 황금색이 나도록 구워진 푀유타주 위의 오븐팬과 유산지를 벗겨낸 다음 필요하다면 약간 더 구워 좀 더 진한 갈색을 낸다. 푀유타주 중 한 장을 꺼내 식힘 망 위에 올려둔다. 나머지 두 장의 푀유타주 위에 캐러멜 가루를 솔솔 뿌린 다음, 오븐에 넣어 캐러멜라이즈되도록 170℃ 오븐에서 2분간 더 굽는다. 망 위에 올려 식힌다.

레몬 디플로마트 크림 CRÈME DIPLOMATE AU CITRON

냄비에 우유를 넣고 가열한다. 볼에 달걀노른자와 설탕을 넣고 걸쭉하고 뽀얗게 될 때까지 거품기로 휘저어 섞는다. 여기에 커스터드 분말과 레몬즙을 넣고 섞어준다. 우유가 끓으면 ⅓ 정도를 달걀, 설탕 혼합물에 붓고 거품기로 잘 풀어 섞는다. 이것을 다시 우유 냄비에 모두 옮겨 부은 뒤 거품기로 세게 휘저으며 2~3분간 끓인다. 불에서 내린 뒤 물과 섞어둔 젤라틴을 넣고 잘 섞어준다. 완성된 크렘 파티시에를 볼에 덜어낸 다음 랩을 밀착시켜 덮어둔다. 냉장고에 넣어둔다. 밀푀유를 조립하기 전 액상 생크림을 부드럽게 휘핑한다. 냉장고에서 꺼낸 크렘 파티시에를 거품기로 저어 풀어준 다음 휘핑한 생크림을 넣고 알뜰 주걱으로 살살 섞어준다.

잔두야 크레뫼 CRÉMEUX AU GIANDUJA

냄비에 생크림, 우유, 설탕을 넣고 가열한다. 끓기 시작하면 달걀노른자를 넣고 거품기로 계속 저어가며 85℃까지 익힌다. 불에서 내린 뒤 물과 섞어둔 젤라틴을 넣고 잘 섞는다. 이 혼합물을 잔두야에 붓고 핸드블렌더로 갈아 혼합한다. 35℃까지 온도가 떨어지면 버터를 첨가한 다음 핸드블렌더로 다시 매끈하게 갈아준다. 랩을 밀착시켜 덮은 뒤 냉장고에 보관한다.

부다스핸드 콩피 MAIN DE BOUDDHA CONFITE

만돌린 슬라이서를 이용해 부다스핸드를 1mm 두께로 얇게 저민다. 소스팬에 물, 설탕, 길게 갈라 긁은 바닐라 빈을 넣고 끓여 시럽을 만든다. 슬라이스한 부다스핸드를 뜨거운 시럽에 넣고 반투명해질때까지 담가둔다. 부다스핸드 슬라이스를 건져 보관한다.

말린 부다스핸드 MAIN DE BOUDDHA SÉCHÉE

시럽에 절인 부다스핸드 슬라이스의 반을 따로 덜어내 물기를 제거한 다음 유산지를 깐 오븐팬에 펼쳐 놓는다. 60℃ 오븐이나 식품 건조기에 넣고 약 40분간 건조시킨다. 밀폐용기에 담아 건냉한 장소에 보관한다.

잔두야 GIANDUJA

잔두야를 만든다(p.114 테크닉 참조). 랩을 깔아둔 용기에 잔두야를 붓고 다시 랩을 밀착시켜 덮어준다. 냉장고에 최소 4시간 동안 넣어둔다.

조립하기 MONTAGE

완전히 식은 푀유타주의 가장자리를 브레드 나이프로 다듬어 잘라내 20 x 10cm 크기의 직사각형으로 만든다. 첫 번째 푀유타주 시트를 캐러멜라이즈된 면이 아래로 오도록 놓고 짤주머니를 이용해 레몬 디플로마트 크림과 잔두야 크레뫼를 교대로 길게 짜얹었다. 그 위에 캐러멜라이즈하지 않은 푀유타주를 덮어준다. 다시 두 종류의 크림을 교대로 짜 얹은 뒤 마지막 푀유타주 시트를 캐러멜라이즈한 면이 위로 오도록 덮어준다. 밀푀유를 조심스럽게 옮겨 옆면이 바닥에 오도록 접시에 놓는다. 나머지 디플로마트 크림을 방울 방울 짜서 얹어준다. 말린 부다스핸드 슬라이스와 시럽에 절인 것을 보기 좋게 뭉쳐 얹어준다. 잔두야 큐브를 몇 개 얹어 완성한다.

베르가모트 브리오슈 푀유테
CHIGNONS FEUILLETÉS À LA BERGAMOTE

10개분

준비
2시간 30분

조리
20분

냉장
16시간

냉동
10분

발효
2시간 30분

보관
24시간

도구
파리지앵 브리오슈 틀
10개
주방용 붓
전동 스탠드 믹서
베이킹용 밀대

재료

브리오슈 푀유테 반죽
달걀 75g
우유 75g
제빵용 생이스트 10g
밀가루(T45) 150g
소금 3g
설탕 20g
녹인 버터 20g
푀유타주용 저수분
버터(지방 84%) 150g

베르가모트 마멀레이드
베르가모트 125g
설탕 60g
물 60g
레몬즙 100g
사과즙 125g
설탕 175 + 20g
펙틴 NH 1.5g

시럽
물 50g
설탕 50g

데커레이션
베르가모트 콩피 약간

브리오슈 푀유테 반죽 PÂTE À BRIOCHE FEUILLETÉE
하루 전 준비한다. 전동 스탠드 믹서 볼에 달걀, 생이스트를 녹인 차가운 우유, 밀가루를 넣고 그 위에 소금, 설탕, 버터를 넣는다. 도우훅을 돌려 저속으로 2분간 섞은 뒤 중속으로 올리고 5분간 더 돌려 데트랑프 반죽을 만든다. 반죽을 랩으로 싸서 냉장고에 하룻밤 넣어둔다. 다음 날 반죽을 20 x 40cm 직사각형으로 밀어준다. 냉동실에 10분간 넣어둔다. 그동안 밀어접기용 버터를 준비한다. 푀유타주용 저수분 버터를 두 장의 유산지 사이에 넣고 밀어 펴 사방 20cm의 정사각형으로 만든다. 반죽 중앙에 버터를 놓고 반죽 양쪽 끝을 중앙으로 접어 완전히 봉해준다. 밀대로 길게(20 x 60cm) 밀어준 다음 짧은 면이 앞에 오게 놓는다. 긴 반죽을 위 아래로 3등분으로 접어준다(3절 접기 1회 완성). 랩으로 싸서 냉장고에 2시간 넣어둔다. 반죽을 오른쪽으로 방향으로 90도 회전시켜 놓은 뒤 같은 작업을 한 번 더 해준다(3절 접기 2회 완성). 다시 냉장고에 넣어 2시간 휴지시킨다. 반죽을 0.5cm 두께로 민 다음 15 x 6cm 크기의 직사각형 10장을 재단한다. 각 조각을 2cm 폭으로 길게 잘라 3장의 끼를 만들되 맨 윗부분은 완전히 잘라 분리하지 말고 붙어 있는 상태로 둔다. 3가닥의 띠를 위에서 아래로 땋아준 다음 짤주머니에 넣은 베르가모트 마멀레이드를 맨 끝부분에 조금 짜 얹는다. 길게 땋은 반죽을 말아 동그랗게 만든다. 바닥 부분을 손으로 꼭 집어 전체 연결 부분을 잘 붙여준다. 미리 버터를 발라둔 파리지앵 브리오슈 틀에 넣고 28℃에서 2시간 30분 발효시킨다. 반죽이 부풀어 오르면 170℃ 오븐에서 15~20분간 굽는다.

베르가모트 마멀레이드 MARMELADE DE BERGAMOTE
베르가모트로 마멀레이드를 만든다(p.101 테크닉 참조).

시럽 SIROP
소스팬에 물과 설탕을 넣고 끓여 시럽을 만든다.

조립하기 MONTAGE
브리오슈를 오븐에서 꺼낸 뒤 붓으로 윗면에 시럽을 발라준다. 작게 자른 베르가모트 콩피를 몇 조각 얹어준다.

포르토 베키오 아이스크림 콘

FACE U CALDU, CORNET DE PORTO-VECCHIO

6인분

준비
45분

조리
3시간

냉장
12시간

숙성
4시간

보관
3일

도구
거품기
아이스크림 콘 와플
기계
핸드블렌더
지름 3cm, 깊이 1.5cm
반구형 실리콘 틀
짤주머니 3개 + 지름
18mm 별깍지
조리용 온도계
아이스크림 메이커

재료

아이스크림 콘
밀가루 112g
설탕 56g
소금 0.5g
뜨거운 물 112g
상온의 포마드 버터
28g
콩 레시틴(페이스트
타입) 3g

헤이즐넛 프랄리네
아이스크림
우유(전유) 256g
탈지우유 분말 14g
설탕 30g
글루코스 분말 28g
액상 생크림(유지방
35%) 30g
헤이즐넛 프랄리네 40g
안정제(super
neutrose 또는
stab2000) 1.6g

세드라 소르베
물 143g
설탕 74g
전화당 16g
글루코스 분말 24g
안정제(super
neutrose 또는
stab2000) 1.6g
세드라(시트론) 즙
140g

세드라 제스트
세드라(시트론) 제스트
30g
설탕 100g
물 100g

완성 재료
반으로 자른 헤이즐넛
세드라 제스트

아이스크림 콘 CORNETS

볼에 밀가루, 설탕, 소금을 넣고 뜨거운 물을 부은 뒤 균일하게 섞어준다. 버터와 콩 레시틴을 넣고 잘 섞는다. 상온에서 10분 정도 휴지시킨다. 이 반죽을 와플 기계에 넣고 고르게 황금색이 나도록 굽는다. 구운 다음 바로 말아 콘 모양으로 만들어 총 6개를 준비한다. 완전히 식힌 뒤 밀폐용기에 넣어 보관한다.

헤이즐넛 프랄리네 아이스크림 CRÈME GLACÉE PRALINÉ NOISETTE

하루 전에 준비한다. 소스팬에 우유를 넣고 가열한다. 25℃가 되면 우유 분말을 넣고 잘 섞고 계속 가열한다. 30℃가 되면 설탕 분량의 반과 글루코스 분말을 넣고 잘 저어 녹여준다. 35℃가 되면 생크림과 프랄리네를 넣어준다. 45℃가 되면 안정제와 섞어둔 나머지 분량의 설탕을 넣고 잘 저어 녹여준다. 계속해서 85℃까지 가열한다. 불에서 내린 뒤 핸드블렌더로 갈아 혼합한다. 밀폐용기에 옮겨 담은 뒤 냉장고에 넣어 12시간 동안 숙성시킨다. 다음 날, 아이스크림 메이커에 넣어 돌린다. 완성된 아이스크림을 밀폐용기에 덜어낸 다음 냉동실에 보관한다.

세드라 소르베 SORBET AU CÉDRAT

볼에 설탕, 전화당, 글루코스 분말, 안정제를 넣고 섞는다. 소스팬에 물을 넣고 40℃까지 가열한 다음 가루 혼합물을 붓고 잘 저어 녹인다. 계속 가열해 85℃에 이르면 바로 불에서 내리고 냉장고에 넣어 빠르게 식힌다. 냉장고에 넣어 최소 4시간 동안 숙성시킨다. 세드라 즙을 첨가한다. 핸드블렌더로 갈아 혼합한 다음 아이스크림 메이커에 돌려 소르베를 만든다. 완성된 소르베를 밀폐용기에 덜어낸 다음 냉동실에 보관한다.

세드라 제스트 ZESTES DE CÉDRAT

세드라의 껍질 제스트를 필러로 저며낸 뒤 쓴맛이 나는 안쪽의 흰 부분(ziste)을 잘라낸다(p.66 테크닉 참조). 제스트를 가늘게 썬다(18줄 정도 준비). 소스팬에 물과 설탕을 넣고 끓여 시럽을 만든다. 여기에 세드라 제스트 채를 넣고 2분 정도 담갔다가 건져낸다. 제스트를 반구형 실리콘 틀 안에 넣어 커브 모양을 만든다. 이 상태로 40℃ 오븐 또는 건조기에 넣어 2시간 동안 건조시킨다. 건조된 제스트를 밀폐용기에 보관한다.

조립하기 MONTAGE

소르베와 아이스크림을 각각 아이스크림 기계로 한 번 돌려 부드럽게 풀어준다. 두 개의 짤주머니에 각각 채워 넣은 다음 끝을 넉넉한 크기로 잘라 구멍을 낸다. 작은 별 깍지(18mm)를 끼운 짤주머니 안에 이 두 개의 짤주머니를 넣어준다. 콘마다 아이스크림과 소르베를 120g씩 원을 그리며 채워 넣는다. 반으로 쪼갠 헤이즐넛, 헤이즐넛 껍질 약간, 세드라 제스트를 3줄씩 얹어 장식한다.

셰프의 조언

코르시카의 전통 아몬드 쿠키인
카니스트렐리(canistrelli)를 부수어 곁들이면
더욱 풍부한 맛을 즐길 수 있다.

칼라만시 펄과 그래놀라를 곁들인 요거트
YOGOURT, PERLES DE KALAMANSI ET GRANOLA

4인분

준비
30분

조리
2시간

발효
8~10시간

냉동
1시간

보관
냉장고에서 2일

도구
요거트용 유리 용기 4개
고운 체망
스포이트
조리용 온도계
요거트 메이커

재료

홈메이드 요거트
우유(전유) 500g
탈지우유 분말 62g
플레인 요거트 62g
바닐라 빈 1줄기

그래놀라
코코넛오일 7.5g
아카시아 꿀 7.5g
오트밀(압착 귀리) 25g
현미 플레이크 15g
껍질 벗긴 피스타치오 15g
피에몬테 헤이즐넛 7g
볶은 참깨 7.5g
해바라기 씨 7.5g
건포도(zante currants) 9g
건크랜베리 9g

칼라만시 펄
포도씨유
칼라만시 즙 100g
설탕 15g
한천 분말(agar agar) 1.5g
젤라틴 가루 100g
물 700g
강황가루 0.5g

칼라만시 농축즙
칼라만시 즙 300g

홈메이드 요거트 YOGOURT MAISON
냄비에 우유, 우유 분말을 넣고 82℃가 될 때까지 가열한 다음 불에서 내려 45℃까지 식힌다. 이 우유의 ¼을 덜어내 플레인 요거트와 섞은 다음 나머지 우유에 모두 넣고 균일하게 섞는다. 요거트 메이커용 유리 용기에 부어 채운 뒤 기계 안에 8~10시간 넣어둔다. 또는 41℃ 오븐에서 2시간, 이어서 오븐을 끄고 오븐 문을 열지 않은 상태에서 그대로 6시간을 둔다. 발효가 끝난 요거트를 냉장고에 보관한다.

그래놀라 GRANOLA
오븐을 150℃로 예열한다. 작은 볼에 코코넛오일, 따뜻하게 데운 꿀을 넣고 잘 섞는다. 다른 볼에 건포도와 크랜베리를 제외한 모든 재료를 넣고 섞는다. 여기에 오일과 꿀 혼합물을 넣고 고루 섞는다. 유산지를 깐 오븐팬에 펼쳐 놓은 뒤 오븐에 넣어 노릇한 색이 날 때까지 25~30분 굽는다. 10분마다 한 번씩 휘저어 고루 섞어준다. 꺼내서 그대로 살짝 식힌 다음 건포도와 크랜베리를 넣고 섞는다. 완전히 식힌 뒤 밀폐용기에 담아 건냉한 장소에 보관한다.

칼라만시 펄 PERLES DE KALAMANSI
깊고 좁은 용기에 포도씨유를 담아 냉동실에 1시간 동안 넣어둔다. 젤라틴에 물을 섞어 10분 정도 불린다. 나머지 재료와 물에 불린 젤라틴을 모두 소스팬에 넣고 녹이면서 끓인다. 끓으면 불에서 내린 뒤 따뜻한 온도로 식힌다. 이것을 스포이트에 채워 넣은 뒤 차가운 포도씨유에 방울방울 짜 떨어트린다. 따뜻한 칼라만시 혼합물과 차가운 기름이 만나면 열 쇼크로 인해 작은 알갱이 모양으로 굳게 된다. 칼라만시 펄을 고운 망으로 건져낸 다음 흐르는 찬물에 충분히 헹궈 기름기를 제거한다(알갱이가 터지지 않는다). 냉장고에 보관한다.

칼라만시 농축즙 JUS DE KALAMANSI
소스팬에 칼라만시 즙을 넣고 약불로 가열해 본래 부피의 ⅕이 되도록 졸인다. 맛을 보고 기호에 따라 설탕을 추가한다. 냉장고에 보관한다.

조립하기 MONTAGE
서빙용 유리잔을 한 손으로 들고 살짝 기울인 다음 요거트를 조금 넣어준다. 그래놀라와 칼라만시 펄을 조금 넣고 그 위에 다시 요거트를 덮어준다. 이 과정을 반복한다. 마지막에 약간의 그래놀라와 칼라만시 펄을 몇 개 얹은 뒤 칼라만시 농축즙을 1테이블스푼 뿌려준다.

핵과류

살구, 피스타치오, 생아몬드 타르트
TARTE ABRICOTS, PISTACHES ET AMANDES FRAÎCHES

6인분

준비
30분

조리
12시간

냉장
3시간

보관
냉장고에서 2일

도구
지름 20cm, 높이 2cm
타르트 링
만돌린 슬라이서
주방용 붓
마이크로플레인
그레이터

재료

달걀물
달걀노른자 20g
액상 생크림 (유지방
35%) 5g
고운 소금 1g

아몬드 파트 사블레
밀가루(T65) 120g
버터 60g
설탕 30g
아몬드 가루 30g
바닐라 빈 1줄기
소금(플뢰르 드 셀)
1.5g
달걀 25g

**아몬드 피스타치오
크림**
버터(상온의 포마드
상태) 50g
설탕 50g
아몬드 가루 30g
피스타치오 가루 20g
옥수수 전분 5g
피스타치오 페이스트
4g
달걀 50g

설탕 코팅 로즈마리
로즈마리 10g
달걀흰자
설탕

완성 재료
생살구 600g
투명 글라사주(p.242
레시피 참조)
생아몬드 10g
피스타치오 가루 10g
슈거파우더 10g
스추안 크레스
(Sechuan Cress) 잎
약간

달걀물 DORURE
재료를 모두 섞은 뒤 냉장고에 보관한다.

아몬드 파트 사블레 PÂTE SABLÉE AUX AMANDES
밀가루에 버터를 넣고 손으로 부슬부슬하게 섞는다. 여기에 설탕, 아몬드 가루, 길게 갈라 긁은 바닐라 빈 가루, 소금(플뢰르 드 셀)을 넣고 섞는다. 달걀을 넣고 가볍게 반죽한다. 반죽을 작업대에 덜어낸 다음 손바닥으로 조금씩 누르듯이 끊으며 밀어준다(fraiser). 덩어리로 뭉쳐 납작하게 살짝 눌러준 다음 랩으로 싸서 냉장고에 1시간 동안 넣어둔다. 유산지를 깐 오븐팬에 타르트 링을 올리고 반죽을 링의 바닥과 내벽에 깔아준다. 냉장고에 넣어 2시간 동안 휴지시킨다. 150°C로 예열한 오븐에 넣어 20분간 시트만 초벌로 굽는다. 링을 벗겨낸 다음 타르트 둘레의 울퉁불퉁한 부분을 제스터로 밀어 다듬어 준다. 달걀물을 타르트 시트의 안쪽과 바깥쪽 면에 모두 발라준다. 다시 170°C 오븐에 넣어 노릇한 색이 날 때까지 10분 정도 굽는다.

아몬드 피스타치오 크림 CRÈME D'AMANDE-PISTACHE
버터와 설탕을 실리콘 주걱으로 잘 섞어준다. 아몬드 가루, 피스타치오 가루, 옥수수 전분, 피스타치오 페이스트를 넣고 잘 섞는다. 달걀을 몇 번에 나누어 조금씩 넣어가며 균일하게 섞는다. 타르트 시트 안에 크림을 채워 넣는다.

설탕 코팅 로즈마리 ROMARIN CRISTALLISÉ
로즈마리를 씻어서 잎만 떼어낸다. 로즈마리 잎에 달걀흰자를 붓으로 얇게 발라준 다음 설탕에 넣어 고루 묻힌다. 여분의 설탕은 살살 털어낸다. 유산지를 깐 오븐팬에 겹치지 않게 간격을 떼어 펼쳐 놓은 뒤 50°C 오븐에서 12시간 동안 건조시킨다.

조립하기 MONTAGE
살구를 씻어서 반으로 자른 뒤 씨를 제거한다. 살구 과육을 다시 반으로 자른 뒤 볼록한 쪽이 아래로 오도록 타르트의 크림층 위에 빙 둘러 채워준다. 160°C 오븐에서 25분간 굽는다. 상온으로 식힌다. 투명 글라사주에 물(글라사주의 25%)을 섞어 개어준 다음 붓으로 타르트 위에 살짝 발라준다. 생아몬드 껍데기를 큰 칼의 등으로 두드려 깨 열어준다. 아몬드를 꺼내 페어링 나이프로 속껍질을 벗겨낸다. 만돌린 슬라이서로 아몬드를 얇게 저민다. 피스타치오 가루를 타르트에 뿌린다. 지름 18cm 종이 접시를 타르트 중앙에 맞춰 놓고 가장자리에만 슈거파우더를 뿌린다. 종이 접시를 걷어내고 설탕 코팅 로즈마리와 크레스 잎, 생아몬드 슬라이스를 고루 얹어 완성한다.

복숭아 플라워 타르트
FLEUR DE PÊCHE

8인분

준비
1시간 30분

냉장
2시간

조리
15~20분

보관
냉장고에서 24시간

도구
지름 18cm, 높이 2cm
타르트 링
원뿔체
만돌린 슬라이서
주방용 붓

재료

파트 사블레
버터 75g
슈거파우더 47g
아몬드 가루 15g
바닐라 빈 ½줄기
밀가루 125g
달걀 30g
소금 1g
화이트 초콜릿 50g

복숭아 와인 콩포트
복숭아 130g
레드와인(syrah) 25g
설탕 33g
바닐라 빈 ½줄기

시럽
물 80g
설탕 80g
레몬즙 10g

레몬버베나 크림
판 젤라틴 2g
말린 레몬버베나 잎 3g
액상 생크림(유지방
35g) 45g + 75g
슈거파우더 6g

완성 재료
레몬버베나 잎 몇 장

파트 사블레 PÂTE SABLÉE
밀가루에 버터를 넣고 손으로 부슬부슬하게 섞어준다. 슈거파우더, 아몬드 가루, 길게 갈라 긁은 바닐라 빈 가루, 소금을 넣고 섞은 다음 달걀을 넣어 반죽한다. 반죽을 덩어리로 뭉친 뒤 살짝 납작하게 눌러준다. 랩으로 싸서 냉장고에 2시간 동안 넣어 휴지시킨다. 유산지를 깐 오븐팬 위에 미리 버터를 발라둔 타르트 링을 놓는다. 반죽을 3mm 두께로 민 다음 타르트 링의 내벽 둘레와 바닥에 깔아준다. 170℃로 예열한 오븐에 넣어 타르트 시트만 15~20분간 초벌로 굽는다. 화이트 초콜릿을 중탕으로 녹인다. 오븐에서 꺼낸 타르트 시트에 녹인 화이트 초콜릿을 붓으로 한 켜 발라준다.

복숭아 와인 콩포트 COMPOTÉE DE PÊCHES AU VIN
복숭아를 깨끗이 씻은 뒤 씨를 중심으로 하여 양쪽 과육을 약 2cm 두께로 잘라낸다. 이 과육은 마지막 장식용으로 사용한다. 나머지 과육은 잘라내 사방 1cm 큐브 모양으로 썬다(130g 준비). 소스팬에 와인, 설탕, 바닐라 빈을 넣고 설탕이 녹을 때까지 데운다. 여기에 잘게 썬 복숭아를 넣고 뚜껑을 덮은 뒤 약불로 뭉근하게 20분 정도 익힌다. 식힌다.

시럽 SIROP
소스팬에 물, 설탕, 레몬즙을 넣고 설탕이 녹을 때까지 데운다. 끓을 때까지 가열한 다음 불에서 내려 식힌다.

레몬버베나 크림 CRÈME VERVEINE
젤라틴을 찬물에 담가 말랑하게 불린다. 소스팬에 생크림 45g을 넣고 뜨겁게 데운 다음 불에서 내린다. 레몬버베나 잎을 넣어 10분간 향을 우려낸다. 체로 거른 뒤 다시 불에 올려 데운다. 불린 젤라틴의 물을 꼭 짠 뒤 생크림에 넣어 녹인다. 나머지 생크림은 설탕을 넣어가며 거품기로 휘핑해 샹티이 크림을 만든다. 레몬버베나 향의 크림이 20℃로 식으면 샹티이 크림에 넣고 섞어준다. 크림이 굳지 않도록 이 마지막 과정은 조립하는 단계에서 진행해야 한다.

조립하기 MONTAGE
와인에 조린 복숭아를 타르트 바닥에 깔아준 다음 레몬버베니 크림을 부어 채운다. 냉장고에 20분간 넣어 굳힌다. 잘라두었던 복숭아 과육을 만돌린 슬라이서로 얇게 저민 다음 시럽에 담가둔다. 건져서 타르트 위에 빙 둘러 꽃모양으로 얹어준다. 생레몬버베나 잎을 몇 장 올려 장식한다.

천도복숭아 레몬버베나 를리지외즈

RELIGIEUSES NECTARINE, VERVEINE

6인분

준비
1시간 30분

냉장
12시간

향 우리기
20분

조리
45분

숙성
12시간

보관
12시간

도구
거품기
주걱
브레드 나이프
이쑤시개
핸드블렌더
지름 5cm 원형 쿠키
커터
지름 3.2cm, 높이 2.8
구형 실리콘 틀(6구)
작은 체망
짤주머니 + 지름 8mm
원형 깍지, 지름 10mm
원형 깍지
베이킹용 아세테이트
시트
전동 스탠드 믹서
베이킹용 밀대
조리용 온도계

재료

휩드 바닐라 가나슈
액상 생크림(유지방
35%) 56g + 112g
바닐라 빈 1줄기
글루코스 시럽 6g
전화당 7g
화이트 초콜릿 81g

**레몬버베나 크렘
파티시에르**
우유(전유) 166g

생 레몬버베나 잎 50g
달걀노른자 36g
설탕 30g
옥수수 전분 13g
버터 9g

천도복숭아 볼
완숙 천도복숭아(황색)
½개
완숙 천도복숭아(흰색)
½개

천도복숭아 콩포트
완숙 천도복숭아(황색)
½개
완숙 천도복숭아(흰색)
½개
천도복숭아 퓌레 30g
바닐라 빈 ½줄기
설탕 10g
한천 분말(agar agar)
0.5g

크라클랭
버터(상온의 포마드
상태) 25g
비정제 황설탕 30g
밀가루 30g

슈 반죽
우유(전유) 62g
버터 50g
소금 1g
설탕 2g
밀가루(T55) 38g
달걀 65g
뜨거운 우유(전유) 6g

화이트 초콜릿 디스크
화이트 초콜릿 300g

비건 젤리 코팅
물 250g
설탕 25g
비건 겔화제(gelée
végétale) 또는 한천
분말(agar agar) 13g

완성 재료
천도복숭이(황색) 1개
천도복숭아(흰색) 1개
바닐라 빈 가루

휩드 바닐라 가나슈 GANACHE MONTÉE À LA VANILLE
소스팬에 생크림 56g, 길게 갈라 긁은 바닐라 빈 가루, 글루코스 시럽, 전화당을 넣고 끓인다. 끓으면 불에서 내린 뒤 잘게 자른 화이트 초콜릿이 담긴 볼에 세 번에 나누어 부어준다. 핸드블렌더로 갈아 혼합한다. 나머지 분량의 차가운 생크림을 넣고 잘 혼합한 뒤 냉장고에 12시간 넣어둔다.

레몬버베나 크렘 파티시에르 CRÈME PÂTISSIÈRE À LA VERVEINE
소스팬에 우유를 넣고 80℃까지 가열한다. 불에서 내린 뒤 깨끗이 씻은 레몬버베나 잎을 넣고 뚜껑을 덮어 20분 정도 향을 우려낸다. 레몬버베나 잎을 건져낸 다음 우유를 끓인다. 볼에 달걀노른자와 설탕, 옥수수 전분을 넣고 뽀얗고 크리미한 질감이 될 때까지 거품기로 휘저어 섞는다. 우유가 끓기 시작하면 약 ⅓ 정도를 달걀 설탕 혼합물에 넣고 거품기로 재빨리 저어 섞어준다. 이것을 다시 소스팬에 옮겨 담은 뒤 다시 가열해 약 2분간 거품기로 저어주며 끓인다. 용기에 덜어낸 다음 랩을 밀착시켜 덮고 냉장고에 넣어 식힌다. 온도가 35℃까지 떨어지면 작게 잘라둔 버터를 넣고 잘 섞어준다. 완성된 크렘 파티시에르에 랩을 밀착시켜 덮은 뒤 냉장고에 보관한다.

천도복숭아 볼 SPHÈRES DE NECTARINE
천도복숭아를 씻은 뒤 모두 껍질을 벗긴다(p.34 테크닉 참조). 씨를 제거한 뒤 과육을 작게 썬다. 블렌더로 갈아 균일하고 덩어리가 없는 퓌레로 만든다. 구형 실리콘 틀(6구)에 퓌레를 채워 넣는다. 조립할 때까지 냉동실에 넣어둔다. 천도복숭아 콩포트용으로 퓌레 30g은 따로 덜어내 보관한다.

천도복숭아 콩포트 COMPOTÉE DE NECTARINES
천도복숭아를 씻은 뒤 모두 껍질을 벗긴다(p.34 테크닉 참조). 과육을 약 2mm 크기로 아주 잘게 깍둑 썰어 총 125g을 준비한다. 소스팬에 잘게 썬 복숭아, 복숭아 퓌레 30g, 길게 갈라 긁은 바닐라 빈 가루, 설탕 5g을 넣고 과육이 익을 때까지 가열한다. 나머지 설탕에 한천 분말을 섞은 뒤 콩포트에 넣어준다. 다시 끓기 시작하면 불에서 내린다. 용기에 덜어낸 다음 조립할 때까지 냉장고에 넣어둔다.

크라클랭 CRAQUELIN
상온에 두어 부드러워진 포마드 버터와 황설탕을 손으로 섞는다. 여기에 밀가루를 넣고 고루 섞일 정도로만 가볍게 혼합한다. 크라클랭 혼합물을 두 장의 유산지 사이에 넣고 밀대를 이용해 1.5mm 두께로 얇게 밀어준다. 슈 반죽을 만드는 동안 냉동실에 넣어둔다.

슈 반죽 PÂTE À CHOUX
소스팬에 우유 62g, 버터, 소금, 설탕을 넣고 끓인다. 불에서 내린 뒤 밀가루를 한번에 부어 넣고 주걱으로 섞어 균일한 반죽을 만든다. 다시 약불에 올린 뒤 반죽이 냄비 벽에서 저절로 떨어지고 주걱에도 더 이상 달라붙지 않게 될 때까지 힘있게 저어가며 수분을 날린다. 불에서 내린 뒤 1분간 기다린다. 가볍게 풀어둔 달걀을 조금씩 넣어가며 잘 섞어준다. 윤기나고 매끈한 질감이 나며 주걱으로 떠 올렸을 때 띠 모양으로 흘러 떨어지는 농도가 될 때까지 잘 저어 섞어준다. 뜨거운 우유 6g을 넣고 마지막으로 잘 섞어준다. 슈 반죽 혼합물을 지름 10mm 원형 깍지를 끼운 짤주머니에 채워 넣는다. 버터를 바른 오븐팬 위에 지름 5cm 크기의 동그란 슈 6개를 짜 놓는다. 지름 5cm 원형 쿠키 커터를 이용해 크라클랭 6개를 잘라낸 다음 슈 위에 각각 얹어준다. 170℃로 예열한 오븐에 넣어 슈가 노릇한 색이 날 때까지 굽는다. 오븐에서 꺼낸 슈를 식힘 망 위에 올려 식힌다.

화이트 초콜릿 디스크 DISQUE DE CHOCOLAT BLANC
화이트 초콜릿을 템퍼링한다. 우선 내열 볼에 잘게 자른 화이트 초콜릿을 넣고 중탕 냄비 위에 올려 40~45℃까지 가열해 녹인다. 초콜릿이 녹으면 볼을 얼음과 물이 담긴 큰 용기에 담가 잘 저으며 식힌다. 온도가 25~26℃까지 떨어지면 다시 볼을 중탕 냄비 위에 올려 29~30℃까지 가열한다. 템퍼링한 초콜릿을 두 장의 아세테이트 시트 사이에 넣고 밀대를 이용해 1mm 두께로 밀어준다. 어느 정도 굳은 위 지름 5cm 쿠키 커터로 6장의 원형을 잘라낸다. 조립할 때까지 상온에 보관한다.

비건 젤리 코팅 SPHÉRIFICATION EN GELÉE VÉGÉTALE
냉동실에서 얼린 천도복숭아 볼을 틀에서 꺼낸 다음 이쑤시개로 찍는다. 겔화제를 준비하는 동안 다시 냉동실에 넣어둔다. 소스팬에 물, 겔화제와 섞어둔 설탕을 넣고 90℃까지 가열한다. 여기에 천도복숭아 볼을 담갔다 빼 두 번 코팅을 씌운다. 접시에 놓은 뒤 이쑤시개를 빼낸다. 최종 조립할 때까지 냉장고에 넣어둔다. 이 작업은 릴리지외즈를 서빙하기 30분 전에 준비한다.

조립하기 MONTAGE
전동 스탠드 믹서 볼에 바닐라 가나슈를 넣고 거품기로 부드럽게 풀어준다. 지름 8mm 원형 깍지를 끼운 짤주머니에 휩드 바닐라 가나슈를 채워 넣는다. 오븐팬에 화이트 초콜릿 디스크 6장을 놓고 꽃잎 모양으로 빙 둘러가며 바닐라 가나슈를 각각 짜 얹는다. 두 가지 색의 천도복숭아 과육을 껍질째 작고 갸름한 웨지 모양으로 자른다. 이것을 꽃잎 모양 가나슈 사이사이에 색깔별로 교대로 하나씩 조심스럽게 얹어준다. 냉장고에 최소 30~35분 동안 넣어둔다. 빵 나이프를 이용해 슈의 윗부분을 뚜껑처럼 깔끔하게 잘라낸다. 슈 안에 레몬버베나 크렘 파티시에르 40g을 채워 넣고 중앙에 천도복숭아 콩포트 20g을 짜 넣는다. 화이트 초콜릿 디스트를 슈 위에 얹어준다. 꽃잎 모양 가나슈 중앙에 젤리를 씌운 천도복숭아 볼을 놓는다. 바닐라 빈 가루를 작은 체로 치며 솔솔 뿌려준다.

천도복숭아 멜바
BRUGNON MELBA

10인분

준비
2시간

조리
12시간

숙성
36시간

냉장
12시간

보관
바로 먹는다.

도구
블렌더
원뿔체
아이스크림 스쿱
핸드블렌더
짤주머니 + 생토노레용
납작한 깍지
마이크로플레인
그레이터
푸드 프로세서
조리용 온도계
아이스크림 메이커

재료

천도복숭아 아이스크림
판 젤라틴 1g
설탕 30g
물 22g
바닐라 빈 1줄기
씨를 제거한
천도복숭아 100g

생아몬드 젤리
껍데기를 벗긴
생아몬드 20g
우유(전유) 125g
설탕 12g
펙틴 NH 1g
옥수수 전분 1g

**시럽에 데친
천도복숭아**
천도복숭아 4개
물 500g
설탕 150g

말린 라즈베리
라즈베리 10g

샹티이 크림
액상생크림(유지방
35%) 60g + 60g
설탕 12g
바닐라 빈 ¼줄기
오렌지 블러섬 워터
12g
마스카르포네 28g
젤라틴 가루 1.25g
물 8.75g

완성 재료
올리브오일
아몬드
그린 옥살리스 잎

천도복숭아 아이스크림 GLACE AU BRUGNON

젤라틴을 찬물에 담가 말랑하게 불린다. 냄비에 물, 설탕, 길게 갈라 굵은 바닐라 빈 가루를 넣고 끓을 때까지 가열한다. 끓으면 불에서 내린 뒤 물을 꼭 짠 젤라틴을 넣고 잘 저어 녹인다. 상온에 20분 정도 그대로 두어 식힌다. 온도가 40℃까지 떨어지면 작게 깍둑 썬 천도복숭아를 넣고 블렌더에 갈아준다. 냉장고에 넣어 12시간 동안 숙성시킨다. 아이스크림 메이커에 돌려 아이스크림을 만든다. 용기에 담아 냉동실에 보관한다.

생아몬드 젤리 CONDIMENT AMANDE FRAÎCHE

따뜻하게 데운 우유에 생아몬드를 넣고 푸드 프로세서로 갈아준다. 냉장고에 넣어 24시간 동안 숙성시킨다. 체에 거른 다음 필요하면 우유를 추가로 넣어 총량 145g을 만든다. 소스팬에 이 아몬드 우유와 설탕, 펙틴, 옥수수 전분을 넣고 잘 저어주며 아주 약하게 끓을 때까지 가열한다. 볼에 덜어낸 다음 랩을 밀착되게 덮어준다. 플레이팅할 때까지 냉장고에 보관한다.

시럽에 데친 천도복숭아 BRUGNONS POCHÉS

천도복숭아를 씻어 반으로 자른 뒤 씨를 제거한다. 냄비에 물과 설탕을 넣고 아주 약하게 끓여 시럽을 만든다. 시럽의 온도가 80℃가 되면 반으로 자른 천도복숭아를 넣고 20분간 데친다. 불에서 내린 뒤 시럽에 담근 상태에서 상온으로 식힌다. 천도복숭아의 껍질을 조심스럽게 벗긴 다음 유산지를 깐 오븐팬에 한 켜로 깔아 놓는다. 50℃ 오븐에 넣어 12시간 동안 건조시킨다. 시럽은 플레이팅할 때까지 냉장고에 넣어둔다.

말린 라즈베리 FRAMBOISES SÉCHÉES

라즈베리를 씻어 반으로 자른다. 유산지를 깐 오븐팬에 라즈베리를 한 켜로 깔아 놓는다. 60℃ 오븐에 넣어 12~24시간(오븐 상태와 라즈베리 크기에 따라 조절) 동안 건조시킨다. 식품 건조기를 사용해도 좋다. 말린 라즈베리를 하나씩 떼어낸 다음 밀폐용기에 담아 건냉한 장소에 보관한다.

샹티이 크림 CHANTILLY

소스팬에 생크림 60g과 설탕, 길게 갈라 굵은 바닐라 빈 가루, 오렌지 블러섬 워터를 넣고 가열한다. 물과 섞은 젤라틴을 넣고 잘 저어 녹인다. 마스카르포네 치즈를 넣고 핸드블렌더로 갈아 혼합한다. 나머지 차가운 생크림을 넣고 섞어준다. 냉장고에 12시간 동안 넣어둔다.

조립하기 MONTAGE

우묵한 접시 중앙에 아몬드 젤리를 한 스푼 담고 그 위에 천도복숭아를 볼록한 면이 아래로 오도록 놓는다. 그 중앙에 아이스크림을 한 스쿱 떠 넣는다. 또 하나의 천도복숭아 조각을 볼록한 면이 위로 오도록 놓아 그 위에 덮어준다. 생토노레 깍지를 끼운 짤주머니를 이용해 샹티이 크림을 빙 둘러 짜 놓는다. 천도복숭아를 익히고 남은 시럽을 빙 둘러 부어준 다음 올리브오일을 몇 방울 뿌린다. 말린 라즈베리와 옥살리스 잎을 조금 뿌려준다. 얇게 저민 아몬드 셰이빙을 얹고 말린 천도복숭아 껍질 2장을 한쪽에 꽂아 장식한다.

셰프의 조언

샹티이 크림을 빙 둘러 짤 때 턴테이블을 사용하면
균일한 모양을 쉽게 만들어낼 수 있다.

미라벨 자두 판나코타
PANNA COTTA À LA MIRABELLE

8인분

준비
1시간

조리
10~12분

냉동
40분

보관
냉장고에서 24시간

도구
유리컵(verrine) 8개
L자 스패출러
베이킹용 밀대
티백 주머니
잎 무늬 실리콘 패드
조리용 온도계

재료

미라벨 자두 마멀레이드
미라벨 자두 400g
로즈마리 30g
꿀 60g

판나코타
판 젤라틴 10g
액상 생크림(유지방 35%) 770g
설탕 75g
바닐라 빈 2줄기

크리스피 토핑
버터 35g
슈거파우더 35g
옥수수 전분 45g
아몬드 가루 22g
소금(플뢰르 드 셀) 1g
화이트 초콜릿 35g
아몬드 프랄리네 5g
라이스 플레이크 35g

잎 모양 튀일
버터(상온의 포마드 상태) 25g
슈거파우더 25g
달걀흰자 25g
밀가루 25g

데커레이션
생 미라벨 자두 몇 개
로즈마리 1줄기

미라벨 자두 마멀레이드 MARMELADE DE MIRABELLES
미라벨 자두를 씻은 뒤 반으로 잘라 씨를 제거한다. 로즈마리를 티백에 넣은 다음 냄비에 꿀, 미라벨 자두와 함께 넣고 뭉근히 익혀 마멀레이드를 만든다. 로즈마리 티백을 건져낸 다음 식힌다.

판나코타 PANNA COTTA
젤라틴을 찬물에 담가 말랑하게 불린다. 냄비에 생크림, 설탕, 길게 갈라 긁은 바닐라 빈 가루를 넣고 약불로 천천히 가열하며 15분간 향을 우려낸다. 불에서 내린 뒤 온도가 60℃로 떨어지면 물을 꼭 짠 젤라틴을 넣고 잘 저어 녹인다. 판나코타의 반을 볼에 덜어낸 다음 얼음이 담긴 그릇에 담가 10℃까지 식힌다. 이렇게 하면 바닐라 빈이 가라앉는 것을 막을 수 있다.

크리스피 토핑 CROUSTILLANT
버터, 설탕, 옥수수 전분, 아몬드 가루, 소금을 부슬부슬하게 섞어 크럼블을 만든다. 유산지를 깐 오븐팬에 크럼블 혼합물을 펼쳐 놓은 다음 160℃로 예열한 오븐에 넣어 15분간 굽는다. 꺼내서 식힌다. 크럼블이 식으면 작은 조각으로 부순다. 화이트 초콜릿과 아몬드 프랄리네를 중탕으로 녹인 다음 라이스 플레이크와 잘게 부순 크럼블 조각을 넣고 잘 섞어준다.

잎 모양 튀일 TUILE CIGARETTE
볼에 재료를 모두 넣고 섞는다. 오븐팬 위에 나뭇잎 무늬의 실리콘 패드를 놓고 L자 스패출러를 이용해 반죽을 펴 발라준다. 170℃로 예열한 오븐에 넣어 10~12분간 굽는다. 오븐에서 꺼낸 위 나뭇잎 모양을 조심스럽게 떼어낸 다음 밀대 위에 놓아 커브 형태를 만들어준다.

조립하기 MONTAGE
서빙용 유리잔 바닥에 마멀레이드를 각각 50g씩 넣고 10분간 냉동실에 넣어둔다. 냉동실에서 꺼낸 유리잔을 살짝 기울여 놓는다. 종이타월을 구겨 둥지처럼 만든 뒤 지지대로 활용하거나 달걀 포장 케이스를 사용하면 좋다. 판나코타를 50g씩 넣은 뒤 냉동실에 15~20분간 보관한다. 유리잔을 반대 방향으로 기울인 다음 다시 판나코타 50g을 넣어 V자 모양이 되도록 한다. 다시 냉동실에 15분간 넣어둔다. 중앙에 크리스피 토핑을 넣고 반으로 자른 생 미라벨 자두를 몇 개 올린다. 로즈마리 잎을 얹어 장식하고 나뭇잎 모양 튀일을 곁들인다.

셰프의 조언

판나코타를 10℃로 식힐 때 반만 덜어내 사용하면 마지막 조립시 나머지 분량의 판나코타와 혼합해 사용할 때 너무 빨리 굳는 것을 막을 수 있다.

렌 클로드 자두 쇼송
CHAUSSON À LA PRUNE REINE-CLAUDE

6인분

준비
7시간 30분

냉장
6시간

조리
50분

도구
블렌더
주방용 붓
전동 스탠드 믹서
베이킹용 밀대
쇼송 오 폼용 커터

재료

클래식 푀유타주
데트랑프
체에 친 밀가루 400g
물 200g
고운 소금 12g
상온의 포마드 버터 60g
화이트 식초 3g
밀어접기
푀유타주용 저수분 버터 350g

렌 클로드 자두 콩포트
렌 클로드 자두 350g
설탕 40g
버터 20g
바닐라 빈 1줄기

캐러멜 가루
설탕 100g

달걀물
달걀 50g
달걀노른자 40g
우유 50g

클래식 푀유타주 FEUILLETAGE CLASSIQUE
전동 스탠드 믹서 볼에 데트랑프 재료를 모두 넣고 도우훅을 돌려 균일하게 반죽한다. 반죽을 두 장의 유산지 사이에 넣고 밀대로 밀어 40 x 20cm 직사각형을 만든다. 냉장고에 최소 30분간 넣어둔다. 푀유타주용 저수분 버터를 20 x 20cm 정사각형으로 밀어준다. 상온에서 1시간 동안 휴지시킨다. 데트랑프 반죽 위에 버터를 놓고 반으로 접어 덮어준 다음 가장자리를 잘 붙여 밀봉한다. 작업대 위에 밀가루를 살짝 뿌린 뒤, 버터를 감싼 반죽을 길이가 폭의 3배가 되도록 직사각형으로 밀어준다. 긴 반죽을 3등분으로 접은 다음 오른쪽으로 90도 회전시켜 놓는다(3절 접기). 반죽을 랩으로 싸서 냉장고에 넣어 2시간 휴지시킨다. 꺼내서 3절 접기를 2회 더 실행한다. 매회 실행할 때마다 2시간씩 냉장고에서 휴지시킨다. 이로써 총 3회의 3절 접기가 완성되었다.

렌 클로드 자두 콩포트 COMPOTE DE REINES-CLAUDES
냄비에 설탕을 넣고 가열해 캐러멜을 만든다. 황금색이 나기 시작하면 버터를 넣고 잘 녹인다. 씻어서 반으로 자른 렌 클로드 자두와 바닐라 빈 가루를 넣어준다. 약불에서 15분 정도 뭉근히 익힌다. 용기에 덜어낸다.

캐러멜 가루 CARAMEL EN POUDRE
소스팬에 설탕을 넣고 황금색 캐러멜이 될 때까지 가열한다. 유산지 또는 실리콘 패드를 깐 오븐팬 위에 캐러멜을 붓고 완전히 식힌다. 식은 캐러멜을 작게 부순 뒤 블렌더에 넣고 갈아 가루로 만든다.

조립하기 MONTAGE
푀유타주 반죽을 4mm 두께로 민 다음 쇼송용 커터로 6장을 잘라낸다. 잘라낸 반죽의 중앙 부분을 밀대로 밀어 약간 갸름한 타원형으로 만든다. 달걀물 재료를 거품기로 섞어준다. 반죽을 잘 붙일 수 있도록 가장자리에 달걀물을 붓으로 발라준다. 각 푀유타주 반죽에 렌 클로드 콩포트를 50g씩 채운 뒤 반으로 접고 둘레를 꼼꼼히 눌러 붙여준다. 유산지를 깐 오븐팬에 쇼송을 뒤집어 놓은 다음 달걀물을 발라준다. 냉장고에 1시간 넣어둔다. 다시 한 번 달걀물을 바른 뒤 칼 끝으로 줄무늬를 그어준다. 175℃로 예열한 오븐에서 노릇한 색이 날 때까지 약 30분간 굽는다. 오븐에서 꺼낸 쇼송에 캐러멜 가루를 솔솔 뿌린 다음 다시 오븐에 넣어 캐러멜이 녹도록 3분간 더 구워낸다.

황자두 클라푸티
CLAFOUTIS AUX PRUNES JAUNES

5인분

준비
15분

조리
30분

보관
냉장고에서 2일

도구
지름 18cm, 높이 5cm
원형 오븐 용기
주방용 붓

재료
가염 버터(상온의
포마드 상태) 20g
설탕 20g
슈거파우더

클라푸티 반죽
황자두 540g
달걀 1.5개
설탕 48g
바닐라 빈 1줄기
아몬드 가루 48g
밀가루(T55) 64g
우유(전유) 160g
생크림(crème
fraîche) 40g
가염 버터 40g

클라푸티 반죽 APPAREIL À CLAFOUTIS

자두를 씻은 뒤 반으로 잘라 씨를 제거한다. 볼에 달걀, 설탕, 길게 갈라 긁은 바닐라 빈 가루, 아몬드 가루를 넣고 고루 섞일 정도로만 거품기로 저어준다. 밀가루를 넣고 섞은 뒤 우유와 생크림을 넣어준다. 마지막으로 녹인 버터를 넣고 잘 섞는다.

오븐용 용기 안쪽에 상온에서 부드러워진 가염 버터를 붓으로 발라준다. 설탕을 솔솔 뿌린다. 반으로 자른 자두를 용기 바닥에 깔아 채워준 다음 반죽을 그 위에 부어준다.

210°C로 예열한 오븐에서 10분간 구운 뒤 오븐 온도를 180°C로 내리고 20분간 더 굽는다. 꺼내서 상온으로 식힌 다음 슈거파우더를 살짝 뿌려준다.

셰프의 조언

바닐라를 넣고 휘핑한 크림을 클라푸티에 곁들여도 좋다.
액상 생크림(유지방 35%) 150g에 슈거파우더 10g과
바닐라 빈 가루를 넣고 거품기로 휘핑한다.

댐슨 자두 바스크 케이크
GÂTEAU BASQUE AUX QUETSCHES

6인분

준비
1시간

조리
40분

냉동
30분

보관
냉장고에서 2일

도구
지름 16cm 케이크 링
푸드 프로세서
전동 스탠드 믹서
베이킹용 실리콘 시트
L자 스패출러
실리콘 패드
조리용 온도계

재료

파트 사블레
밀가루 200g
베이킹파우더 8g
소금(플뢰르 드 셀) 2g
설탕 130g
버터 140g
달걀노른자 70g
레몬 제스트 ½개분

**댐슨 자두 크렘
파티시에르**
댐슨 자두 200g
달걀 30g
설탕 15g
옥수수 전분 15g
버터 6g

달걀물
달걀 1개

완성 재료
댐슨 자두잼

파트 사블레 PÂTE SABLÉE
전동 스탠드 믹서 볼에 밀가루, 베이킹 파우더, 소금(플뢰르 드 셀), 설탕, 버터를 넣고 플랫비터를 돌려 부슬부슬하게 섞어준다. 달걀노른자와 레몬 제스트를 넣고 섞어준다. 반죽을 덜어내 둥글게 뭉친 뒤 손으로 가볍게 반죽한다. 랩으로 싸서 냉장고에 15분간 넣어둔다. 작업대에 밀가루를 살짝 뿌린다. 반죽을 떼어내 2mm 두께로 민 다음 지름 16cm 원형 시트로 잘라낸다. 냉동실에 넣어둔다. 나머지 반죽을 3mm 두께로 민 다음 지름 16cm 원형 시트 2장을 잘라낸다. 마지막 남은 반죽을 5mm 두께로 민 다음 지름 16cm 원형으로 잘라내고 중앙에 지름 12cm 원형 커터로 찍어 구멍을 낸다. 조립할 때까지 냉동실에 넣어둔다.

댐슨 자두 크렘 파티시에르 CRÈME PÂTISSIÈRE AUX QUETSCHES
댐슨 자두를 씻은 뒤 반으로 잘라 씨를 제거한다. 댐슨 자두 과육을 푸드 프로세서로 갈아 퓌레로 만든다. 이 퓌레의 150g을 덜어낸 다음 소스팬에 넣고 가열한다. 다른 볼에 달걀과 설탕, 옥수수 전분을 넣고 뽀얗고 크리미한 상태가 될 때까지 거품기로 저어 섞어준다. 여기에 뜨거운 자두 퓌레의 일부분을 붓고 잘 저어 풀어준다. 이것을 다시 소스팬에 옮겨 부은 뒤 가열한다. 1분간 끓인 뒤 불에서 내린다. 버터를 넣고 잘 섞는다. 냉장고에 넣어 재빨리 식힌다.

바스크 십자 문양 스텐실 CHABLON EN FORME DE CROIX BASQUE
오븐 사용이 가능한 실리콘 시트에 지름 약 14cm 크기의 바스크 전통 십자 문양(croix basque)을 그린 뒤 모양을 따라 잘라낸다. 냉동실에 넣어둔 첫 번째 반죽 시트(지름 16cm, 두께 2mm) 중앙에 이 십자 모양 샤블롱을 놓고 문양을 따라 칼끝으로 라인을 그린 뒤 도려낸다. 이 자리에 십자 모양 샤블롱을 끼워 놓는다.

조립하기 MONTAGE
지름 16cm 케이크 링 안에 샤블롱을 끼워 넣은 반죽 시트를 놓는다. 붓으로 달걀물을 발라준 뒤 두께 3cm짜리 반죽 시트를 얹어준다. 여기에 달걀물을 발라준 뒤 중앙에 구멍을 낸 두께 5mm짜리 반죽 시트를 올린다. 지름 12cm의 이 빈 구멍 안에 크렘 파티시에르 150g을 채워 넣는다. L자 스패출러로 평평하게 다듬어준 다음 반죽 둘레에 달걀물을 바른다. 마지막으로 두께 3mm짜리 반죽 시트를 덮어 마무리한다. 170℃로 예열한 오븐에 넣어 30~40분간 굽는다. 오븐에서 꺼낸다. 10분 후에 십자 모양 샤블롱 시트가 위로 오도록 케이크를 뒤집어준다. 샤블롱을 떼어낸 다음 댐슨 자두잼(p.96 테크닉 참조)을 채워준다.

셰프의 조언

바스크 케이크를 구울 때 바닥에 오돌도돌한 질감이 있는 실리콘 패드를 깔아주면 뒤집은 케이크 표면에 잔잔한 격자무늬를 만들 수 있다.

체리 주빌레
JUBILÉ DE CERISES

6인분

준비
1시간

조리
10분

숙성
12시간

도구
핸드블렌더
L자 스패출러
실리콘 패드
조리용 온도계
아이스크림 메이커

재료

바닐라 아이스크림
우유(전유) 370g
바닐라 빈 2줄기
우유 분말 23g
설탕 74g
포도당(dextrose) 가루
14g
액상 생크림(유지방
35%) 67g
달걀노른자 67g
안정제 3g
글루코스 가루 47g

크리스피 튀일
달걀흰자 55g
슈거파우더 45g
밀가루 25g
물 240g
버터 22g
소금 2g

체리 플랑베
꿀 60g
비정제 황설탕 70g
체리 600g
체리 퓌레 200g
버터 60g
키르슈(체리 브랜디)
50g

바닐라 아이스크림 GLACE VANILLE
냄비에 우유, 길게 갈라 긁은 바닐라 빈 가루를 넣고 가열한다. 25℃가 되면 우유 분말을 넣어준다. 계속 가열해 30℃가 되면 설탕과 포도당 가루를 넣는다. 35℃가 되면 생크림과 달걀노른자를 넣고 계속 가열한다. 45℃가 되면 안정제와 글루코스 가루를 섞어 넣어준다. 85℃까지 끓인 다음 핸드블렌더로 갈아준다. 냉장고에 넣어 식힌다. 냉장고에서 12시간 동안 숙성시킨다. 아이스크림 메이커에 넣고 돌린다. 완성된 아이스크림을 용기에 덜어낸 뒤 냉동실에 보관한다.

크리스피 튀일 TUILE CROUSTILLANTE
오븐을 170℃로 예열한다. 볼에 달걀흰자, 설탕, 밀가루를 넣고 거품기로 휘저어 섞는다. 냄비에 물, 버터, 소금을 넣고 끓인다. 여기에 달걀흰자, 설탕, 밀가루 혼합물을 넣어준 다음 끓인다. 실리콘 패드를 깐 오븐팬 위에 덜어낸 다음 L자 스패출러를 이용해 얇게 펼쳐놓는다. 오븐에 넣어 약 10분 정도 굽는다. 식힌 뒤 작은 조각으로 부순다.

체리 플랑베 CERISES POÊLÉES
체리를 씻어서 꼭지를 딴 뒤 반으로 잘라 씨를 제거한다. 팬에 꿀과 황설탕을 넣고 가열해 녹인다. 여기에 체리 과육을 넣고 잘 섞으며 살짝 익힌다. 체리 퓌레를 넣고 디글레이즈한다. 졸인 뒤 버터를 넣어준다. 키르슈를 넣고 불을 붙여 플랑베한다.

플레이팅 DRESSAGE
팬에 익힌 체리 플랑베를 서빙 용기에 담고 바닐라 아이스크림과 크리스피 튀일 한 조각을 곁들여 낸다.

포레 누아르
FORÊT-NOIRE

8인분

준비
2시간 30분

조리
10분

냉동
하룻밤

보관
냉장고에서 2일

도구
베이킹용 스프레이 건
아세테이트 시트
뷔슈 케이크용 실리콘
틀(24 x 10cm, 높이
8.3cm)
L자 스패츌러
짤주머니
베이킹용 밀대
삼각 스크래퍼
조리용 온도계
전동 스탠드 믹서

재료

초콜릿 스펀지 시트
다크 초콜릿(카카오
64% Manjari) 18g
버터(상온의 포마드
상태) 33g
슈거파우더 20g
달걀노른자 63g
밀가루 10g
무설탕 코코아 가루 3g
달걀흰자 53g
설탕 20g

체리 즐레
체리 퓌레 100g
펙틴 NH 6g
설탕 20g
체리 300g
키르슈(체리 브랜디)
15g

마스카르포네 샹티이
마스카르포네 16g
액상 생크림(유지방
35%) 100g
슈거파우더 10g
바닐라 빈 ⅓ 줄기

초콜릿 무스
액상 생크림(유지방
35%) 120g + 230g
우유(전유) 30g
설탕 30g
달걀노른자 90g
다크 초콜릿(카카오
64% Manjari) 140g

초콜릿 시트
다크 초콜릿(카카오
64% Manjari) 500g

초콜릿 스프레이
다크 초콜릿(카카오
64% Manjari) 70g
카카오 버터 30g

완성 재료
생체리 또는 시럽에
절인 체리

초콜릿 스펀지 시트 BISCUIT CHOCOLAT

초콜릿을 중탕으로 녹인다. 전동 스탠드 믹서 볼에 버터와 슈거 파우더를 넣고 플랫비터로 돌려 크리미한 질감이 되도록 섞는다. 여기에 상온의 달걀노른자를 넣고 크리미하고 걸쭉한 상태가 될 때까지 휘저어 섞는다. 녹인 초콜릿을 35℃까지 식힌 뒤 혼합물에 넣고 섞는다. 밀가루와 코코아 가루를 넣고 잘 섞는다. 다른 볼에 달걀흰자와 설탕을 넣고 거품기로 휘저어 머랭을 만든다. 이것을 혼합물에 넣고 살살 섞어준다. 유산지를 깐 오븐팬에 스펀지 반죽을 덜어낸 다음 스패출러로 펼쳐준다. 180℃로 예열한 오븐에서 10분간 굽는다.

체리 즐레 GELÉE DE CERISE

생체리를 씻어 씨를 빼고 4등분한다. 소스팬에 체리 퓌레를 넣고 가열한다. 펙틴과 혼합한 설탕을 넣고 잘 저어 녹인다. 30초간 끓인다. 불에서 내린 뒤 체리와 키르슈를 넣고 잘 섞어준다. 살짝 식힌 다음 짤주머니에 채워 넣는다. 조립할 때까지 냉장고에 넣어둔다.

마스카르포네 샹티이 CHANTILLY MASCARPONE

볼에 마스카르포네를 넣고 생크림을 조금 첨가한 뒤 거품기로 풀어준다. 길게 갈라 긁은 바닐라 빈 가루를 넣고 계속 휘핑한다. 나머지 생크림과 슈거파우더를 넣고 너무 단단하지 않을 정도로 휘핑한다. 냉장고에 넣어둔다.

초콜릿 무스 MOUSSE AU CHOCOLAT

냄비에 생크림 130g과 우유, 설탕 분량의 반을 넣고 가열한다. 볼에 달걀노른자와 나머지 분량의 설탕을 넣고 뽀얗고 크리미한 상태가 될 때까지 거품기로 휘저어 섞는다. 생크림과 우유가 끓기 시작하면 그중 일부분을 달걀, 설탕 혼합물에 붓고 거품기로 저어 풀어준다. 이것을 다시 냄비로 옮겨 부은 뒤 주걱으로 계속 저어가며 가열한다. 주걱을 들어올렸을 때 크림이 묽게 흘러내리지 않고 묻어 있는 상태가 되도록 83~85℃까지 끓인다. 잘게 자른 초콜릿이 담긴 볼에 크림 혼합물을 부어준다. 얼음과 물이 담긴 큰 볼 위에 놓고 잘 저으며 온도를 35℃까지 내린다. 남은 분량의 차가운 생크림을 가볍게 휘핑한 뒤 혼합물에 넣고 살살 섞어준다.

초콜릿 시트 PLAQUES DE CHOCOLAT

초콜릿을 템퍼링한다. 우선 내열 볼에 잘게 자른 초콜릿을 넣고 중탕 냄비 위에 올려 50℃까지 가열해 녹인다. 초콜릿이 녹으면 분량의 ⅔를 대리석 작업대에 붓고 온도를 낮춘다. L자 스패출러와 삼각 스크래퍼를 이용해 초콜릿을 바깥에서 안쪽으로 끌어 모았다가 펼쳐놓고 다시 끌어 모으는 작업을 반복한다. 초콜릿 온도가 28~29℃까지 떨어지면 다시 초콜릿을 볼에 옮겨 담고 나머지 분량 ⅓과 함께 중탕으로 31~32℃까지 가열한다. 템퍼링한 초콜릿을 두 장의 아세테이트 시트 사이에 넣고 밀대를 이용해 얇게 밀어준다. 어느 정도 굳은 뒤 윗면의 아세테이트 시트를 조심스럽게 떼어낸다. 뷔슈 케이크 틀보다 가로 세로 각각 1cm 짧은 크기의 직사각형 5장을 잘라낸다.

초콜릿 스프레이 APPAREIL À PULVÉRISER

내열 볼에 잘게 자른 초콜릿과 카카오 버터를 넣고 중탕 냄비 위에 올려 45℃가 될 때까지 녹인다. 베이킹용 스프레이 건에 채워 넣는다.

조립하기 MONTAGE

뷔슈 케이크 틀 바닥과 내벽에 초콜릿 무스를 0.5cm 두께로 한 켜 깔아준다. 초콜릿 시트 2장, 마스카르포네 샹티이 한 켜, 초콜릿 시트 1장, 체리 즐레(짤주머니 이용), 초콜릿 시트 1장, 다시 마스카르포네 샹티이 한 켜, 마지막 초콜릿 시트를 차례대로 채워 놓고 초콜릿 무스로 마무리한다. 틀의 크기에 맞춰 자른 스펀지 시트를 덮어준다. 냉동실에 하룻밤 넣어둔다. 다음 날, 틀을 제거한 다음 스프레이 건을 분사해 벨벳과 같은 질감으로 표면을 마무리한다. 체리를 몇 개 얹어 장식한다. 케이크는 먹기 전 최소한 3시간 전에 해동한다.

타쟈스카 올리브 페이스트리 롤
PAINS FEUILLETÉS AUX OLIVES TAGGIASCHE

12개 분량(6인분)

준비
7시간 30분

휴지
1시간 30분

냉장
6시간

조리
20분

보관
밀폐용기 보관 3일

도구
지름 6.5cm 머핀 틀
전동 스탠드 믹서
푸드 프로세서
베이킹용 밀대
작은 체망
주방용 붓
L자 스패출러
조리용 온도계

재료

뷔유테 빵 반죽
데트랑프
밀가루(T65) 400g
물 216g
소금 7g
제빵용 생이스트 4g
밀어접기
뷔유타주용 저수분
버터 145g

브라운 버터
버터 50g
소금(플뢰르 드 셀) 4g

타프나드
타쟈스카 올리브
(taggiasche AOP)
125g
케이퍼 8g
안초비 필레 32g
마늘 ½톨
올리브오일 40g

뷔유테 빵 반죽 PAIN FEUILLETÉ

전동 스탠드 믹서 볼에 밀가루, 물, 소금, 생 이스트를 넣고 도우훅을 저속으로 돌려 약 6분간 반죽한다. 반죽의 온도가 27℃가 되어야 한다. 면포나 랩으로 덮은 뒤 상온에서 1시간 동안 휴지시킨다. 뷔유타주용 저수분 버터를 두 장의 유산지 사이에 넣고 밀어 펴 사방 15cm의 정사각형으로 만든다. 랩으로 덮어서 상온에 30분간 둔다. 반죽을 펀칭해 공기를 빼준 다음 30 x 20cm 직사각형으로 만든다. 랩으로 덮어 냉장고에서 2시간 동안 휴지시킨다. 데프랑프 반죽에 정사각형 버터를 넣고 반으로 접은 뒤 가장자리를 잘 붙여 밀봉한다. 붙인 양면이 세로로 오도록 반죽을 앞에 놓고 밀대로 40~45cm 길이로 밀어준다. 3절 접기를 한 다음 반죽을 오른쪽으로 90도 회전시킨다. 랩으로 싸서 냉장고에 넣어 2시간 휴지시킨다. 꺼내서 마찬가지 방법으로 길게 민 다음 3절 접기를 다시 한 번 반복한다(3절 접기 총2회 완성). 랩으로 싸서 다시 냉장고에 넣어 2시간 휴지시킨다.

브라운 버터 BEURRE NOISETTE

소스팬에 버터를 녹인다. 밝은 황금색을 띠기 시작하면 불에서 내린다. 소금을 넣고 잘 섞어준다. 작은 체망에 걸러준다.

타프나드 TAPENADE

씨를 제거한 올리브와 재료를 모두 블렌더에 넣고 간다. 용기에 덜어낸다.

조립하기 MONTAGE

반죽을 42 x 26cm, 두께 3.5mm로 밀어준다. L자 스패출러를 이용해 타프나드를 얇게 펴 발라준다. 3.5 x 26cm 크기의 긴 띠 모양 12개로 자른다. 하나씩 돌돌 말아 지름 6.5cm 틀에 각각 채워 넣는다. 26℃에서 2시간 동안 발효시킨다. 따뜻한 브라운 버터를 발라준다. 230℃로 예열한 오븐에서 노릇한 색이 날 때까지 20분간 굽는다. 틀에서 꺼내 식힘 망에 올린다.

셰프의 조언

· 아몬드 가루 50g을 160℃ 오븐에서 10분간 로스팅한다. 이것을 식힌 뒤 타프나드에 섞어주면 반죽과 분리되는 것을 막을 수 있을 뿐 아니라 더 풍부한 맛을 낼 수 있다.

· 여름철에는 바질 잎 몇 장을 타프나드에 첨가해도 좋다.

속과 씨가 있는
이과류

타르트 타탱
TARTE TATIN

4인분

준비
40분

조리
55분

냉동
10분

냉장
1시간

보관
냉장고에서 2일

도구
지름 16cm 타르트 링
지름 8cm 원형
쿠키 커터
아세테이트 시트 2장
만돌린 슬라이서
지름 16cm, 높이 5cm
원형 케이크 틀
주방용 붓
짤주머니 + 지름
16mm 원형 깍지

재료

시럽에 익힌 사과
사과(Reine des
reinettes) 600g
레몬 ¼개
물 220g
설탕 125g
버터 125g
바닐라 빈 1.5줄기

캐러멜
설탕 55g
버터 15g
올리브오일 4g
바닐라 빈 1.5줄기
시나몬 가루 0.3g

스페큘러스 사블레
버터 35g
사탕수수 설탕 21g
머스코바도(또는
라파두라) 설탕 21g
달걀 4개
밀가루(T65) 70g
베이킹파우더 1g
오렌지 제스트 3.4g
소금 0.4g
시나몬 가루 1.4g
넛멕 0.7g
정향 0.3g
아니스 씨 0.7g
카트르 에피스 0.7g
우유(전유) 3.5g

**스페큘러스 사블레
크러스트**
버터 45g
믹서에 간 스페큘러스
사블레(위 레시피 참조)
160g

바닐라 크림
액상 생크림(유지방
35%) 15g
크렘 프레슈(crème
fraîche) 8g
슈거파우더 10.5g
바닐라 빈 1줄기

데커레이션
투명 나파주(nappage
neutre) 100g
화이트 초콜릿(카카오
35% Ivoire) 10g
사과(Granny Smith)
20g
식용 금박

시럽에 익힌 사과 SIROP DE CUISSON

사과를 씻어 껍질을 벗긴다. 4등분한 다음 칼로 속을 잘라낸다. 레몬즙을 넣은 물에 사과를 담가둔다. 냄비에 물, 설탕, 버터, 길게 갈라 긁은 바닐라 빈 가루를 넣고 가열한다. 버터가 녹으면 아주 약하게 끓는 상태를 유지하며 계속 가열한다. 이 시럽 안에 사과를 조금씩 넣어가며 익힌다. 칼끝으로 찔렀을 때 약간 살캉한 느낌이 남아 있을 정도로만 익힌다. 사과를 건져 망 위에 놓아 여분의 시럽이 흘러내리도록 둔다. 랩을 씌워 상온에 보관한다.

캐러멜 CARAMEL

소스팬에 설탕을 조금씩 넣어주며 가열해 갈색 캐러멜을 만든다. 버터와 오일을 넣어 캐러멜이 더 이상 익는 것을 중단시킨 뒤 향신료 가루들을 넣어준다. 원형 케이크 틀 안에 뜨거운 캐러멜을 붓고 틀을 빙 돌리며 고르게 깔아준다. 시럽에 익힌 사과를 캐러멜 위에 빽빽하게 빙 둘러 놓는다. 160℃로 예열한 오븐에서 20분간 굽는다. 따뜻한 온도로 식히고 여분의 사과즙은 조심스럽게 따라낸다. 조립할 때까지 냉장고에 넣어둔다.

스페큘러스 사블레 SABLÉ SPÉCULOOS

볼에 버터와 두 가지 설탕을 넣고 뽀얗게 될 때까지 거품기로 휘저어 섞는다. 달걀을 하나씩 넣으며 섞은 뒤 밀가루, 베이킹파우더, 오렌지 제스트, 소금, 향신료들을 넣어준다. 마지막으로 우유를 넣고 잘 섞는다. 반죽을 작업대에 덜어낸 다음 손바닥 뿌리 쪽으로 끊어가며 눌러 밀어 균일하게 반죽한다(fraiser). 반죽을 뭉친 다음 두 장의 아세테이트 시트 사이에 놓고 3~4mm 두께로 밀어준다. 냉장고에서 1시간 휴지시킨다. 155℃로 예열한 오븐에서 약 25분간 굽는다. 완전히 식힌 다음 푸드 프로세서로 굵직하게 (약 2mm 크기의 입자) 갈아준다. 이때 분쇄기 작동을 짧게 끊어가며 갈아주어야 한다(pulse 모드).

스페큘러스 사블레 크러스트 SABLÉ RECONSTITUÉ SPÉCULOOS

버터를 녹인 뒤 굵직하게 부순 스페큘러스 사블레에 조금씩 부어주며 주걱으로 잘 섞는다. 유산지를 깐 오븐팬 위에 타르트 링을 놓고 그 안에 혼합물을 깔아 채운 뒤 스푼 등으로 꼭꼭 눌러 평평하게 앉힌다. 버터가 굳도록 냉장고에 넣어둔다.

바닐라 크림 CRÈME DOUBLE VANILLÉE

믹싱볼에 두 종류의 생크림과 슈거파우더, 길게 갈라 긁은 바닐라 빈 가루를 넣은 뒤 거품기를 돌려 휘핑한다. 지름 16mm 원형 깍지를 끼운 짤주머니에 크림을 채워 넣는다. 냉장고에 보관한다.

데커레이션 DÉCOR

초콜릿을 중탕으로 45℃까지 녹인 다음 두 장의 아세테이트 시트 사이에 얇게 펼쳐 놓는다. 냉동실에 몇 분간 넣어 굳힌다. 초콜릿이 단단하게 굳으면 윗면의 아세테이트 시트를 떼어낸다. 원형 쿠키 커터의 밑부분을 따뜻하게 달군 다음 초콜릿을 동그랗게 찍어낸다. 원형 초콜릿 시트를 냉동실에 다시 넣어둔다. 사과를 씻은 뒤 만돌린 슬라이서를 이용해 얇게 슬라이스한다. 레몬즙을 조금 넣은 물에 사과 슬라이스를 담가 갈변을 방지한다. 사과 슬라이스를 건져낸 뒤 종이타월로 살살 두드려 물기를 제거한다. 원형 초콜릿 시트 위에 사과 슬라이스를 겹쳐가며 빙 둘러 얹어준다. 초콜릿 원반 밖으로 넘쳐난 여유분의 사과는 깔끔하게 잘라낸다.

조립하기 MONTAGE

스페큘러스 사블레 크러스트의 링을 제거한 다음 지름 16cm 원형 케이크 받침 또는 서빙 접시 위에 놓는다. 오븐에 익힌 사과 타탱을 사블레 크러스트 위에 뒤집어 놓는다. 투명 나파주에 물 25g을 넣고 60℃까지 데운다. 붓으로 나파주를 사과 위에 얇게 발라준다. 스프레이 건을 이용해 분사해주어도 좋다. 원형 초콜릿 시트 위에 올린 그래니 스미스 사과를 타탱 타르트 중앙에 놓는다. 이 원반 중앙에 바닐라 크림을 조그맣게 짜 얹어준다. 그 위에 식용 금박을 조금 얹어 장식한다. 남은 바닐라 크림은 작은 볼에 담아 곁들여 낸다.

셰프의 조언

캐러멜라이즈한 사과의 틀 바닥 부분을
살짝 가열해 주면 쉽게 분리할 수 있다.

통카 빈 애플 크럼블
CRUMBLE FLEUR DE POMME TOMKA

6인분

준비
2시간

냉장
30분

조리
15분

보관
조립 전까지
냉장고에서 24시간

도구
만돌린 슬라이서
강판
주사기 또는 스포이트
체
조리용 온도계

재료

사과 콩포트
사과 500g
버터 8g
설탕 50g
바닐라 빈 1줄기
통카 빈 1개

통카 빈 아몬드 크럼블
버터 60g
황설탕 30g
아몬드 가루 35g
밀가루 45g
통카 빈 ½개

사과 캐비아
포도씨유 500ml
물 25g
설탕 25g
사과즙 115g
한천 분말(agar agar)
4g

사과 데커레이션
사과(Granny Smith)
4개
사과즙 100g
레몬즙 10g

사과 콩포트 COMPOTE DE POMMES
사과의 껍질을 벗긴 뒤 속과 씨를 제거한다. 사과 과육을 사방 1cm 크기로 작게 깍둑 썬다. 냄비에 버터를 넣고 녹인 뒤 사과와 나머지 재료를 모두 넣고 익혀 콩포트를 만든다(p.94 테크닉 참조).

통카 빈 아몬드 크럼블 CRUMBLE AMANDE TONKA
볼에 밀가루, 아몬드 가루, 설탕, 강판에 간 통카 빈 가루를 넣고 섞는다. 여기에 버터를 넣고 손으로 부슬부슬하게 섞어 입자가 굵직한 크럼블 질감을 만든다. 랩으로 덮은 뒤 냉장고에 30분 넣어둔다. 유산지를 깐 오븐팬 위에 크럼블 혼합물을 작게 떼어 펼쳐 놓은 뒤 170℃로 예열한 오븐에서 15분간 굽는다.

사과 캐비아 CAVIAR DE POMMES
포도씨유를 깊고 좁은 용기에 담고 4℃가 될 때까지 냉장고에 넣어둔다. 소스팬에 물과 설탕을 넣고 끓여 시럽을 만든다. 사과즙과 한천 분말을 넣어 섞은 뒤 30초간 끓인다. 주방용 주사기 또는 스포이트를 이용해 이 시럽 혼합액을 차가운 기름에 한 방울씩 떨어트린다. 사과 캐비아 방울을 체에 걸러낸 다음 찬물에 헹군다.

사과 데커레이션 DÉCOR DE POMME
사과를 씻은 뒤 세로로 등분한다. 속과 씨를 제거한 다음 두께 약 1mm, 높이 2cm 크기로 얇게 슬라이스한다. 사과즙과 레몬즙을 섞은 혼합액에 사과 슬라이스를 담가둔다.

조립하기 MONTAGE
사과 슬라이스로 6개의 꽃모양을 만든다. 우묵한 접시에 크럼블을 약 20g씩 담고 따뜻하게 데워둔 사과 콩포트를 올린다. 사과 슬라이스로 만든 꽃모양을 그 위에 얹고 사과 캐비아 방울을 중앙과 꽃잎에 고루 올려 장식한다.

셰프의 조언

링을 이용하면 더욱 깔끔하게 플레이팅할 수 있다.

서양배 티라미수
TIRAMISU AUX POIRES

6인분

준비
7시간 30분

조리
20분

향 우려내기
20분

숙성
12시간

냉장
12시간

보관
조립 전까지
냉장고에서 24시간

도구
원뿔체
지름 5cm 원형
쿠키 커터
아세테이트 시트
핸드블렌더
작은 체망
짤주머니 + 지름 8mm
원형 깍지
휘핑 사이펀 + 가스
캡슐 2개
L자 스패츌러
실리콘 패드
조리용 온도계
아이스크림 메이커

재료

서양배 소르베
물 50g
레몬즙 7g
설탕 42g
글루코스 분말 22g
안정제 1.5g
서양배 퓌레 250g

**글루텐프리 초콜릿
스펀지**
다크 커버처 초콜릿
(카카오 50%) 50g
버터 15g
아몬드 페이스트
(아몬드 50%) 25g
달걀노른자 12g
달걀흰자 63g
설탕 23g

카카오 시럽
물 50g
설탕 50g
카카오닙스 10g
무설탕 코코아 가루
10g

초콜릿 크레뫼
우유(전유) 62g
액상 생크림(유지방
35%) 63g
달걀노른자 20g
설탕 20g
다크 초콜릿(카카오
70%) 55g

**바닐라 서양배
브뤼누아즈**
서양배 1개
레몬즙 20g
바닐라 빈 1줄기

**바닐라 마스카르포네
크림**
달걀 150g
비정제 황설탕 50g
마스카르포네 250g
바닐라 빈 1줄기

데커레이션
다크 초콜릿(카카오
66%) 300g
서양배(Williams) 2개

완성 재료
무설탕 코코아 가루

서양배 소르베 SORBET POIRE

하루 전에 만든다. 냄비에 물, 레몬즙, 설탕 30g을 넣고 가열해 설탕을 녹인다. 볼에 글루코스 분말, 안정제, 나머지 설탕을 넣고 섞어준다. 이것을 냄비에 넣고 잘 저어 녹인다. 불에서 내린 뒤 완전히 식힌다. 서양배 퓌레를 넣고 섞어준다. 냉장고에 넣어 12시간 숙성시킨 뒤 핸드블렌더로 갈아준다. 아이스크림 메이커로 돌려 소르베를 만든다. 용기에 담아 냉동 보관한다.

글루텐프리 초콜릿 스펀지 BISCUIT CHOCOLAT SANS FARINE

오븐을 180℃로 예열한다. 내열 볼에 초콜릿과 버터를 넣고 중탕으로 50~55℃까지 가열해 녹인다. 아몬드 페이스트를 전자레인지에 20초간 돌려 말랑하게 풀어준 다음 달걀노른자를 넣고 매끈하게 섞어준다. 여기에 녹인 초콜릿과 버터를 넣고 섞는다. 다른 볼에 달걀흰자를 넣고 휘핑한다. 설탕을 넣어가며 계속 거품기로 휘저어 단단하게 휘핑한다. 이것을 혼합물에 넣고 주걱으로 살살 섞어준다. 실리콘 패드를 깐 오븐팬에 반죽을 쏟아붓고 L자 스패출러로 균일하게 펼쳐준다. 오븐에서 7~8분 굽는다. 스펀지 시트를 떼어낸 다음 식힘 망 위에 올려 식힌다.

카카오 시럽 SIROP D'IMBIBAGE CACAO

소스팬에 물, 설탕, 카카오닙스를 넣고 끓인다. 불에서 내린 뒤 랩을 씌우고 20분간 향을 우려낸다. 체에 거른 뒤 코코아 가루를 넣고 잘 섞는다.

초콜릿 크레뫼 CRÉMEUX CHOCOLAT

냄비에 우유와 생크림을 넣고 가열한다. 볼에 달걀노른자와 설탕을 넣고 뽀얗고 크리미한 상태가 될 때까지 거품기로 저어 섞는다. 우유와 생크림이 끓기 시작하면 일부를 달걀, 설탕 혼합물에 넣고 풀어준다. 이것을 다시 냄비에 옮겨 붓고 83℃까지 끓인다. 이 크림을 잘게 잘라둔 초콜릿에 부어준다. 핸드블렌더로 갈아 매끈하게 혼합한다. 용기에 옮겨 담아 냉장고에 최소 12시간 동안 넣어둔다(하루 전날 만들어 두는 게 좋다).

바닐라 서양배 브뤼누아즈 BRUNOISE DE POIRE VANILLÉE

서양배의 껍질을 벗긴 뒤 과육을 사방 2mm 크기의 브뤼누아즈로 작게 썬다. 레몬즙과 바닐라 빈 가루를 넣어준다.

바닐라 마스카르포네 크림 SIPHON MASCARPONE

내열 볼에 달걀과 황설탕을 넣고 중탕 냄비 위에 올린 뒤 거품기로 휘저어 섞는다. 다른 볼에 마스카르포네와 바닐라 빈 가루를 넣고 거품기로 풀어준 다음 중탕 냄비 위에서 가열하며 섞은 혼합물에 넣고 알뜰 주걱으로 잘 섞는다. 휘핑 사이펀에 채워 넣은 뒤 냉장고에 보관한다.

초콜릿 데커레이션 DÉCOR CHOCOLAT

초콜릿을 템퍼링한다. 우선 내열 볼에 잘게 자른 초콜릿을 넣고 중탕 냄비 위에 올려 50℃까지 가열해 녹인다. 초콜릿이 녹으면 볼을 얼음과 물이 담긴 큰 용기에 담가 잘 저으며 식힌다. 온도가 28~29℃까지 떨어지면 다시 볼을 중탕 냄비 위에 올려 31~32℃까지 가열한다. 템퍼링한 초콜릿을 두 장의 아세테이트 시트 사이에 넣고 밀대로 얇게 밀어준다. 초콜릿이 살짝 굳은 뒤 아세테이트 시트 윗장을 떼어낸다. 밑변 2cm, 양쪽 변 각각 9cm의 길쭉한 이등변 삼각형 모양으로 여러 장 잘라낸 다음 완전히 굳힌다.

서양배 데커레이션 DÉCOR POIRE

서양배를 씻은 뒤 4등분하고 씨와 속을 잘라낸다. 잘 드는 칼로 폭 1cm, 길이 5~6cm 크기로 길쭉하게 슬라이스한다. 레몬즙을 뿌려 갈변을 방지한다.

플레이팅 DRESSAGE

초콜릿 스펀지를 지름 5cm 쿠키 커터로 잘라낸 다음 카카오 시럽을 발라 적신다. 동그란 스펀지 시트를 서빙 접시에 놓는다. 중앙에서 약간 한쪽으로 비껴 놓아준다. 지름 8mm 원형 깍지를 끼운 짤주머니에 초콜릿 크레뫼를 채운 뒤 초콜릿 스펀지 위에 나선 모양으로 짜 얹는다. 작게 썬 서양배 브뤼누아즈를 얹어 덮어준다. 그 위에 서양배 소르베를 반 스쿱 올린다. 마스카르포네 크림을 채운 휘핑 사이펀에 가스 캡슐을 끼우고 원형 노즐 팁을 장착한다. 휘핑 사이펀을 흔든 뒤 크림을 나선형으로 짜 완전히 덮어준다. 작은 체망을 이용해 코코아 가루를 마스카르포네 크림 위와 접시에 고루 뿌려준다. 뾰족한 삼각형의 초콜릿과 길쭉하게 슬라이스한 서양배를 보기 좋게 배치한다. 크림에 살짝 꽂듯이 놓아주면 잘 고정시킬 수 있다. 바로 서빙한다.

서양배 벨 엘렌

POIRE FAÇON BELLE-HÉLÈNE

8인분

준비
45분

숙성
12시간

조리
15분

냉장
30분

냉동
1시간

보관
조립 전까지
냉장고에서 3일

도구
고운 면포
지름 5cm 원형
쿠키 커터
지름 3cm 원형
쿠키 커터
지름 2cm, 길이 10cm
파이프 모양 커터
링 모양 실리콘 틀
(바깥 지름 7.5cm,
안 지름 6cm)
마이크로플레인
그레이터
실리콘 패드
조리용 온도계
아이스크림 메이커

재료

바닐라 아이스크림
우유(전유) 133g
액상 생크림(유지방
35%) 33g
설탕 37g
달걀노른자 33g
우유 분말 10g
바닐라 빈 ½줄기

아몬드 튀일
아몬드 슬라이스 18g
설탕 16g
밀가루(T65) 4.5g
달걀흰자 5.5g
바닐라 빈 ½줄기
버터 4.5g

벨 엘렌 소스
우유(전유) 140g
액상 생크림(유지방
35%) 126g
설탕 28g
다크 초콜릿(카카오
70% Guanaja) 168g
버터 21g
통카 빈 1.4g

포치드 서양배
물 1.6kg
설탕 500g
바닐라 빈 2줄기
레몬즙 2g
레몬 제스트 2g
시나몬 스틱 1개
서양배(Conférence
품종) 8개

사과 브뤼누아즈
사과(Granny Smith
품종) 100g
바닐라 빈 ½줄기
라임즙 10g
라임 제스트 3g

바닐라 아이스크림 GLACE AUX ŒUFS À LA VANILLE

냄비에 우유와 생크림을 넣고 가열한다. 볼에 설탕과 달걀노른자를 넣고 뽀얗고 크리미한 상태가 될 때까지 거품기로 휘저어 섞는다. 우유 분말, 길게 갈라 긁은 바닐라 빈 가루를 넣고 잘 섞는다. 여기에 뜨거운 우유, 크림 혼합물을 조금 넣고 거품기로 잘 섞은 뒤 다시 냄비로 옮겨 담고 주걱으로 계속 잘 저어주며 83℃까지 가열한다. 주걱을 들어올렸을 때 크림이 묽게 흘러내리지 않고 묻어 있는 농도가 되어야 한다. 고운 체에 내린 뒤 랩을 밀착되게 덮고 바로 냉장고에 넣어 식힌다. 냉장고에서 12시간 동안 숙성시킨다. 다음 날, 20 x 30cm 오븐팬을 냉동실에 차갑게 넣어둔다. 냉장고에서 숙성시킨 혼합물을 아이스크림 메이커에 돌린다. 링 모양 틀에 아이스크림을 채운 뒤 조립할 때까지 냉동실에 보관한다. 나머지 아이스크림은 냉동실에 넣어두었던 팬 위에 5mm 두께로 펼쳐 깔아준 뒤 다시 냉동실에 넣어 굳힌다. 지름 5cm 쿠키 커터로 아이스크림을 찍어낸 다음 지름 3cm 쿠키 커터로 중앙을 도려내 링 모양을 만든다. 조립할 때까지 냉동실에 보관한다.

아몬드 튀일 TUILES AUX AMANDES

볼에 아몬드, 설탕, 밀가루를 넣고 섞는다. 달걀흰자와 녹인 버터를 첨가한 뒤 주걱으로 섞어준다. 실리콘 패드를 깐 오븐팬 위에 혼합물을 10g씩 놓는다. 간격을 넉넉히 두고 8개를 배치한다. 그 위에 다른 실리콘 패드를 한 장 덮어준 뒤 밀대로 얇게 민다. 모양은 다소 불규칙하게 만든다. 150℃로 예열한 오븐에서 8분간 굽는다. 오븐에서 꺼내면 아직 튀일이 반 정도 익은 상태가 된다. 이때 바로 지름 5cm 쿠키 커터를 이용해 각 튀일의 중앙에 구멍을 낸다. 160℃로 온도를 올린 오븐에 다시 넣어 노릇한 색이 살짝 날 때까지 5분간 더 굽는다.

벨 엘렌 소스 SAUCE BELLE-HÉLÈNE

소스팬에 우유, 생크림, 설탕을 넣고 가열한다. 끓기 시작하면 초콜릿이 담긴 볼에 붓고 잘 저어 녹인다. 버터를 넣고 잘 섞는다. 통카 빈을 그레이터로 갈아 넣어준다. 핸드블렌더로 갈아 혼합한다.

포치드 서양배 POIRES POCHÉES

냄비에 물, 설탕, 길게 갈라 긁은 바닐라 빈, 레몬즙, 레몬 제스트, 시나몬 스틱을 넣고 끓여 시럽을 만든다. 불을 약하게 줄인다. 서양배를 씻어서 껍질을 벗긴 뒤 시럽에 넣고 유산지를 덮어 약 15분간 익힌다. 칼끝을 찔렀을 때 약간 살캉한 정도가 되면 알맞게 익은 것이다. 불에서 내린 뒤 상온에서 식힌다.

사과 필링 BRUNOISE DE POMMES

사과를 씻은 뒤 껍질째 아주 작은 크기의 브뤼누아즈로 썬다. 길게 갈라 긁은 바닐라 빈 가루와 라임즙, 라임 제스트를 넣고 잘 섞는다. 파이프 모양 커터를 포칭한 서양배 아랫면에서 시작해 중심부까지 찔러 넣어 움푹하게 구멍을 낸다. 그 안에 잘게 썬 사과를 채워 넣는다.

조립하기 MONTAGE

소스팬에 소스를 넣고 따뜻하게 데운다. 우묵한 접시 바닥에 큰 사이즈의 바닐라 아이스크림 링을 놓고 그 위에 포칭한 서양배를 올린다. 작은 사이즈의 아이스크림 링을 서양배 위에 올려 살짝 비스듬하게 끼운다. 구멍을 낸 아몬드 튀일도 끼워준다. 초콜릿 소스를 접시 바닥에 부어준다.

마르멜로 에클레어
ÉCLAIRS AUX COINGS

6인분

준비
2시간

조리
1시간 10분

냉동
2시간

보관
냉장고에서 24시간

도구
양끝 모서리가 둥근
길쭉한 실리콘 틀(13 x
2.5cm, 높이 2.5cm)
6개
짤주머니 + 지름
15mm 원형 깍지
주걱
체

재료

슈 반죽
물 60g
우유 65g
소금 3g
버터 50g
밀가루 75g
달걀 125g

마르멜로 즐레
마르멜로 1kg
설탕 1kg
주석산 용액 4g
(물 2g, 주석산 2g)

마르멜로 타탱 토핑
버터 80g
설탕 200g
즐레에서 건진
마르멜로 과육 큐브
600g

완성 재료
이지니(Isigny)
더블 크림 250g
크레송 새싹 약간

슈 반죽 PÂTE À CHOUX

소스팬에 물, 우유, 소금, 작게 깍둑 썬 버터를 넣고 끓을 때까지 가열한다. 불에서 내린 뒤 밀가루를 한번에 부어 넣고 주걱으로 세게 휘저어 섞어준다. 다시 약불에 올린 뒤 반죽이 냄비 벽에서 저절로 떨어지고 주걱에도 더 이상 달라붙지 않게 될 때까지 힘있게 저어가며 약 10초간 수분을 날린다. 큰 볼에 덜어내 더 이상 익는 것을 중단시킨 다음 가볍게 풀어둔 달걀을 조금씩 넣어가며 주걱으로 잘 섞어준다. 윤기나고 매끈한 질감이 날 때까지 혼합한 다음 농도를 확인한다. 반죽을 주걱으로 갈랐을 때 천천히 다시 모여 닫히면 완성된 것이다. 필요한 경우 달걀을 추가하며 농도를 조절한다. 슈 반죽 혼합물을 원형 깍지를 끼운 짤주머니에 채운 뒤 버터를 살짝 바른 오븐팬 위에 12cm 에클레어 모양으로 길게 짜 놓는다. 180℃로 예열한 오븐에 넣어 30~40분간 굽는다. 처음 20분간은 오븐 문을 열지 않도록 주의한다.

마르멜로 즐레 GELÉE DE COING

마르멜로 과육을 사방 1cm 크기로 깍둑 썰어 즐레를 만든다(p.104 테크닉 참조). 즐레를 만든 후 과육은 따로 건져 타탱 토핑으로 사용한다.

마르멜로 타탱 토핑 TATIN DE COINGS

소스팬에 설탕을 넣고 약불로 가열해 밝은색의 캐러멜을 만든다. 불에서 내린 뒤 버터를 조금씩 넣으며 거품기로 저어 더 이상 가열되는 것을 막아준다. 길쭉한 틀에 캐러멜을 각각 35g씩 넣어 깔아준 다음 그 위에 마르멜로 과육을 넣어 채운다. 160℃ 오븐에서 30분간 굽는다. 틀에서 분리하기 쉽도록 냉동실에 약 2시간 넣어둔다.

조립하기 MONTAGE

에클레어 윗면을 길게 가로로 잘라낸다. 그 안에 더블 크림을 얇게 한 켜 채운 뒤 마르멜로 즐레를 조금 넣어준다. 그 위에 마르멜로 타탱을 얹는다. 더블 크림을 조금씩 짜 얹어 장식한다. 크레송 새싹 잎을 몇 장 올린다.

레드와인 즐레와 스틸턴 아이스크림을 곁들인 무화과

FIGUES SUR GELÉE DE VIN ROUGE ET CRÈME GLACÉE AU STILTON

6인분

준비
1시간

조리
10분

숙성
12시간

냉장
1시간

보관
바로 서빙한다.

도구
거품기
핸드블렌더
사방 5cm 크기 낙엽
문양 펀칭기
베이킹용 스프레이 건
전동 스탠드 믹서
L자 스패츌러
실리콘 패드
조리용 온도계
아이스크림 메이커

재료
생무화과 6개
호두살 100g
건포도 60g
미니 레드 소렐 잎

레드와인 즐레
주정 강화 레드와인
(maury AOC 또는
tawny port) 300g
판 젤라틴 14g

스틸턴 아이스크림
스틸턴 치즈(Stilton
AOP) 200g
우유(전유) 238g
액상 생크림(유지방
35%) 190g
달걀노른자 76g
설탕 30g
잡화꿀 19g

낙엽 문양 장식
식용 웨이퍼 페이퍼
(feuille azyme) 1장
카카오 버터 100g
식용 천연색소 가루
(빨강) 8g
식용 천연색소 가루
(노랑) 8g

레드 와인 즐레 GELÉE AU VIN ROUGE

젤라틴을 찬물에 담가 말랑하게 불린다. 소스팬에 와인을 넣고 끓인다. 불에서 내린 뒤 물을 꼭 짠 젤라틴을 넣고 잘 저어 녹인다. 즐레를 우묵한 서빙 접시에 나누어 담는다. 즐레가 굳도록 냉장고에 최소 1시간 동안 넣어둔다.

스틸턴 아이스크림 CRÈME GLACÉE AU STILTON

하루 전 준비. 스틸턴 치즈를 작게 자른다. 소스팬에 우유와 생크림을 넣고 끓인다. 볼에 달걀노른자와 설탕을 넣고 뽀얗고 크리미한 상태가 될 때까지 거품기로 휘저어 섞는다. 여기에 뜨거운 우유, 생크림 혼합물의 정도를 천천히 붓고 거품기로 저으며 풀어준다. 이것을 다시 소스팬에 옮겨 담은 뒤 83℃까지 계속 저어가며 가열한다. 스틸턴 치즈와 꿀을 넣고 섞는다. 용기에 옮겨 담고 뚜껑을 덮은 뒤 냉장고에 넣어 12시간 동안 숙성시킨다. 다음 날, 아이스크림 메이커에 넣고 돌린다. 완성된 아이스크림을 용기에 덜어 냉동보관한다.

낙엽 문양 장식 FEUILLE D'AUTOMNE

낙엽 문양 펀칭기로 웨이퍼 페이퍼를 찍어 6장의 잎 모양 장식을 만든다. 내열 볼에 카카오 버터를 넣고 중탕으로 녹인다. 녹인 카카오 버터를 두 개의 볼에 반씩 나누어 담은 뒤 각각 빨강, 노랑색의 식용 색소 가루를 넣어준다. 30℃까지 식힌다. 이것을 스프레이 건으로 낙엽 모양 장식에 분사한다. 그라데이션 효과를 내어 낙엽의 색을 표현한다.

플레이팅 MONTAGE

무화과를 세로로 등분한 뒤 굳은 레드와인 즐레 위에 놓는다. 스틸턴 아이스크림을 크넬 모양으로 떠서 한켠에 놓아준다. 그 위에 낙엽 모양 장식을 얹어준다. 건포도, 호두살을 고루 뿌린다. 레드 소렐 잎을 몇 장 얹어 장식한다. 차갑게 서빙한다.

멜론 가스파초
GASPACHO DE MELON

6인분

준비
30분

냉장
2시간

보관
냉장고에서 2일

도구
블렌더
나뭇잎 모양 실리콘 틀
L자 스패츌러

재료
이베리코 하몬(pata negra) 슬라이스 4장
바질 잎 몇 장

멜론 가스파초
멜론 1kg
바질 잎 15장
올리브오일 40g
카옌페퍼
라즈베리 식초 15g
소금, 후추

파르메산 튀일
달걀흰자 20g
버터 20g
밀가루 20g
가늘게 간 파르메산 치즈 25g

멜론 가스파초 GASPACHO DE MELON
멜론을 반으로 잘라 속을 파낸다(p.37 테크닉 참조). 껍질을 벗기고 과육을 작게 자른다. 나머지 재료와 함께 넣고 블렌더로 간다. 서빙할 때까지 냉장고에 최소 2시간 동안 넣어둔다.

파타 네그라 하몬 칩 CHIPS DE PATA NEGRA
기름을 두르지 않은 팬에 하몬 슬라이스를 넣고 바삭하게 지지듯이 굽는다. 건져내 식힌다.

파르메산 튀일 TUILES AU PARMESAN
볼에 달걀흰자, 녹인 버터, 밀가루를 넣고 거품기로 저어 섞는다. 가늘게 간 파르메산 치즈를 넣고 섞어준다. 오븐팬에 나뭇잎 문양의 실리콘 패드를 깔고 그 위에 반죽을 L자 스패츌러로 얇게 펼쳐 놓는다. 180℃로 예열한 오븐에서 넣어 노릇한 색이 날 때까지 10분간 굽는다. 바로 나뭇잎 모양대로 떼어낸다.

플레이팅 DRESSAGE
차가운 멜론 가스파초를 우묵한 서빙 접시에 각 200g씩 담는다. 파타 네그라 하몬 칩을 적당한 크기로 부수어 놓고 파르메산 튀일을 올린다. 바질 잎을 몇 장 얹어 장식한다.

수박 그라니타
GRANITÉ DE PASTÈQUE

6인분

준비
10분

조리
5분

냉동
2시간

보관
냉동실에서 2주

도구
굴절식 당도계

재료
물 160g
설탕 80g
수박즙(또는 블렌더로
간 수박) 760g

냄비에 물과 설탕을 넣고 가열해 녹인다. 계속 끓여 시럽을 만든다. 불에서 내린 뒤 식힌다.

시럽을 식힌 뒤 수박즙 또는 블렌더로 간 수박 과육을 넣어준다. 얇고 넓은 바트나 용기에 부어 담은 뒤 냉동실에 넣는다.

혼합물이 가장자리부터 얼기 시작(약 1시간 경과 후)하면 냉동실에서 꺼내 포크로 얼음을 깨면서 긁어준다.

다시 냉동실에 넣는다. 중간중간 꺼내서 포크로 긁어주고 다시 얼리는 작업을 30분마다 반복해 슬러시와 같은 질감의 그라니타를 완성한다.

셰프의 조언

당도계를 사용하면 그라니타의 당도를 정확하게 17Brix로
맞출 수 있고, 이는 그라니타를 더욱 안정화하여
녹는 속도를 늦추는 효과를 가져올 수 있다.

포도 비에르주와
카다멈 부이용을 곁들인 푸아그라
FOIE GRAS SAUTÉ, VIERGE DE RAISIN ET BOUILLON CARDAMOME NOIRE

4인분

준비
30분

조리
6~7분

냉장
2시간

향 우리기
30분

보관
바로 서빙한다.

도구
고운 원뿔체

재료

포도 비에르주
포도(moscatel) 120g
골든 건포도 34g
올리브오일 12g
카피르 라임 잎 1장
라임 ¼개
라임즙 ¼개분
그라인더로 간 흰 후추

카다멈 부이용
물 250g
쌀 식초 15g
미림 50g
청주 70g
피시 소스(느억맘) 20g
유자즙 10g
유기농 생강 10g
블랙 카다멈 ½알
바질 7g
카피르 라임 잎 3장
간장 25g
스추안 페퍼 0.5g

가니시
스노 피 20g
표고버섯 50g
팽이버섯 100g
쪽파 4줄기
푸아그라(도톰하게
슬라이스한다) 240g
포도씨유
바질 크레스 잎 약간
소금, 후추

포도 비에르주 VIERGE DE RAISIN
포도의 껍질을 벗긴 뒤 반으로 자른다. 건포도를 반으로 자른다. 볼에 이 두 종류의 포도와 나머지 재료를 넣고 섞는다. 랩을 밀착되게 덮어준 뒤 냉장고에 최소 2시간 동안 넣어둔다.

카다멈 부이용 BOUILLON À LA CARDAMOME
냄비에 재료를 모두 넣고 가열한다. 한번 끓어오르면 불을 끈다. 랩으로 씌운 뒤 30분간 향을 우려낸다. 고운 원뿔체에 거른다. 가니시 재료 익힘용으로 사용할 때까지 랩을 씌워 상온에 둔다.

가니시 GARNITURES
스노 피는 씻은 뒤 넉넉한 양의 끓는 소금물에 2~3분간 데쳐낸다. 가늘게 썰어둔다. 표고버섯은 얇게 썬다. 팽이버섯은 밑둥을 잘라낸다. 카다멈 부이용을 약불에서 데운다. 씻어서 다듬어 둔 쪽파를 통째로 넣는다. 도톰하게 슬라이스한 푸아그라에 격자무늬로 살짝 칼집을 넣는다. 팬에 아주 소량의 기름을 넣고 달군 뒤 푸아그라를 넣고 약불에 지진다. 노릇한 색이 나면 뒤집어준다. 소금, 후추로 간을 한 다음 건져낸다. 종이타월 위에 놓아 여분의 기름을 빼준다. 팬에 기름을 조금 두른 뒤 표고버섯을 볶는다. 가늘게 썬 스노 피를 넣어준다. 소금, 후추로 간한다. 카다멈 부이용에서 쪽파를 건져낸 다음 팽이버섯을 넣어 몇 초간 데친다.

플레이팅 MONTAGE
우묵한 접시 맨 밑에 표고와 팽이버섯을 담고 푸아그라를 놓는다. 그 위에 포도 비에르주를 한 스푼 얹어준다. 카다멈 육수를 빙 둘러 붓고 바질 크레스 잎을 올려 장식한다.

키위 바슈랭
VACHERIN KIWI

6인분

준비
45분

냉장
12시간

숙성
하룻밤

조리
12시간

냉동
1시간

보관
조립할 때까지 2일

도구
핸드블렌더
사방 9cm 큐브형 틀
짤주머니 + 지름 6mm
원형 깍지
L자 스패출러
조리용 온도계
아이스크림 메이커

재료

키위 소르베
판 젤라틴 1g
키위 130g
레몬버베나 잎 8g
설탕 40g
물 25g
레몬즙 4g

**마스카르포네
아이스크림**
물 100g
설탕 42g
안정제(super
neutrose) 1g
레몬즙 10g
마스카르포네 60g

머랭
달걀흰자 50g
설탕 50g
잔탄검 0.5g

**바닐라 마스카르포네
샹티이**
판 젤라틴 2.25g
우유(전유) 25g
설탕 25g
바닐라 빈 ½줄기
마스카르포네 50g
액상 생크림(유지방
35%) 220g

말린 키위
키위 2개

완성 재료
키위 2개

키위 소르베 SORBET KIWI

하루 전 준비. 판 젤라틴을 찬물에 넣어 말랑하게 불린다. 키위의 껍질을 벗긴다. 레몬버베나 잎은 물에 헹궈 씻어준다. 키위를 사방 2cm 크기로 깍둑 썬다. 냄비에 설탕, 물, 레몬즙을 넣고 약하게 끓여 시럽을 만든다. 불에서 내린 뒤 레몬버베나 잎을 넣어준다. 물을 꼭 짠 젤라틴을 넣고 잘 저어 녹인다. 랩으로 씌운 뒤 상온에서 그대로 식힌다. 시럽의 온도가 40℃까지 떨어지면 잘라둔 키위에 붓고 핸드블렌더로 갈아 퓌레를 만든다. 랩을 밀착시켜 덮은 뒤 냉장고에 12시간 동안 넣어 숙성시킨다. 다음 날, 아이스크림 메이커에 넣고 돌려 소르베를 만든다.

마스카르포네 아이스크림 GLACE MASCARPONE

하루 전 준비. 설탕과 안정제를 섞은 뒤 물, 레몬즙과 함께 냄비에 넣고 가열해 녹인다. 계속 가열해 끓기 시작하면 불에서 내리고 40℃까지 식힌다. 이 시럽을 마스카르포네가 담긴 볼에 붓고 핸드블렌더로 매끈하게 갈아 혼합한다. 랩을 밀착시켜 덮은 뒤 냉장고에 12시간 동안 넣어 숙성시킨다. 다음 날, 아이스크림 메이커에 넣고 돌려 아이스크림을 만든다.

머랭 MERINGUE DÉSUCRÉE

믹싱볼에 달걀흰자를 넣고 거품기를 돌려 휘핑한다. 미리 잔탄검과 섞어 둔 설탕을 세 번에 나누어 넣어주며 계속 거품기를 돌려 머랭을 완성한다. 지름 6mm 원형 깍지를 끼운 짤주머니에 머랭을 채워 넣는다. 유산지를 깐 오븐팬 위에 사방 9cm, 두께 약 8mm의 정사각형 3개와 길이 30cm의 긴 막대 모양 4개를 짜놓는다. 80℃ 오븐에 넣어 4시간 동안 굽는다. 건조하고 바삭해지되 색이 나면 안 된다.

바닐라 마스카르포네 샹티이 CHANTILLY VANILLE MASCARPONE

판 젤라틴을 찬물에 담가 말랑하게 불린다. 냄비에 우유와 설탕, 길게 갈라 긁은 바닐라 빈을 넣고 끓을 때까지 가열한다. 끓으면 불에서 내린 뒤 불린 젤라틴을 꼭 짜서 넣고 잘 저어 녹인다. 이 혼합물을 마스카르포네에 붓고 핸드블렌더로 갈아 혼합한다. 여기에 차가운 생크림을 넣은 뒤 다시 핸드블렌더로 갈아 혼합한다. 냉장고에 12시간 동안 넣어둔다.

말린 키위 KIWI SÉCHÉ

키위의 껍질을 벗긴 뒤 0.5cm 두께로 슬라이스한다. 유산지를 깐 오븐팬에 키위 슬라이스를 한 켜로 놓은 뒤 60℃ 오븐(또는 식품건조기)에 넣고 12시간 동안 건조시킨다.

조립하기 MONTAGE

큐브 모양 틀 안에 정사각형 머랭을 한 장 깔아준다. 아이스크림 메이커에 돌려 만든 키위 소르베를 깍지 없는 짤주머니에 채워 넣은 뒤 틀 안에 짜 넣는다. L자 스패출러로 평평하게 다듬어준다. 그 위에 두 번째 정사각형 머랭을 얹는다. 마스카르포네 아이스크림을 짤주머니로 짜 넣고 세 번째 머랭을 얹어준다. 냉동실에 1시간 동안 넣어둔다. 샹티이 크림을 너무 단단하지 않게 휘핑한 다음 깍지 없는 짤주머니에 채워 넣는다. 큐브 모양의 틀을 제거한 다음 한 면 위에 휘핑한 샹티이 크림을 짜 올린 뒤 L자 스패출러로 매끈하게 다듬어준다. 그 위에 긴 막대 모양의 머랭을 불규칙한 길이로 잘라 보기 좋게 붙인다. 이와 같은 방식으로 나머지 3면도 빙 둘러 완성한다. 머랭 스틱이 세로로 서도록 놓은 뒤 맨 윗면에 바닐라 마스카르포네 샹티이 크림을 동글동글하게 짤주머니로 짜 얹어 덮어준다. 말린 키위 슬라이스와 세로로 썬 생키위를 조화롭게 얹어 완성한다.

붉은색 과일, 베리류, 루바브

딸기 바질 소르베를 곁들인 생딸기

FRAISES FRAÎCHES, JUS GLACÉ ET SORBET FRAISE BASILIC

6인분

준비
40분

건조
12시간

숙성
12시간

조리
5시간 30분

냉장
2시간

냉동
1시간 30분

보관
조립할 때까지 2일

도구
원뿔체
망국자
핸드블렌더
짤주머니
푸드 프로세서
체
실리콘 패드
조리용 온도계
아이스크림 메이커

재료

차가운 딸기즙
딸기(gariguette 품종)
750g
설탕 200g

**야생 숲딸기 바질
소르베**
판 젤라틴 1g
야생 숲딸기(fraise des
bois) 100g
딸기(gariguette 품종)
50g
바질 3.5g
설탕 50g
물 30g
레몬즙 8g

딸기 페이퍼
딸기(gariguette 품종)
50g
물 25g
펙틴 NH 1g
설탕 3g
젤라틴 가루 0.6g
물 4g

바질 파우더
바질 25g

머랭(선택사항)
달걀흰자 30g
설탕 15g
슈거파우더 15g

완성 재료
야생 숲딸기 48g
마라 숲딸기(fraise
Mara des bois) 180g
딸기(gariguette) 240g
파인베리(흰딸기) 240g
바질 크레스 잎 약간
레드 소렐 크레스(vene
cress) 잎 약간

차가운 딸기즙 JUS GLACÉ DE FRAISES

딸기를 씻어 꼭지를 딴다. 볼에 딸기와 설탕을 넣고 주걱으로 섞는다. 랩을 씌운다. 중탕 냄비 위에 올린 뒤 딸기의 형태가 흐물어질 때까지 아주 약한 불로 약 2시간 가열한다. 과육을 누르지 않으면서 원뿔체에 거른다. 걸러낸 딸기즙을 냉장고에 넣어둔다. 플레이팅하기 1시간 30분 전에 냉동실에 넣어 아주 차갑지만 얼지는 않은 상태로 준비한다.

야생 숲딸기 바질 소르베
SORBET À LA FRAISE DES BOIS ET BASILIC

젤라틴을 찬물에 담가 1시간 정도 말랑하게 불린다. 딸기를 씻은 뒤 꼭지를 따고 크기에 따라 2등분 또는 4등분으로 자른다. 바질 잎은 물에 헹궈둔다. 냄비에 설탕과 물, 레몬즙을 넣고 약하게 끓여 시럽을 만든다. 불에서 내린 뒤 물을 꼭 짠 젤라틴을 넣고 잘 섞어 녹인다. 랩을 씌운 뒤 상온에서 식힌다. 시럽의 온도가 40℃까지 떨어지면 딸기와 바질 잎이 담긴 볼에 부어준다. 핸드블렌더로 갈아준 다음 랩을 씌워 냉장고에 12시간 동안 넣어둔다. 아이스크림 메이커에 넣고 돌려 소르베를 만든다.

딸기 페이퍼 PAPIER DE FRAISE

딸기를 씻은 뒤 꼭지를 딴다. 딸기에 분량의 물을 넣고 블렌더로 갈아준 다음 약 45℃까지 가열한다. 펙틴과 미리 섞어둔 설탕을 넣고 몇 초간 끓인다. 불에서 내린 뒤, 물에 적신 젤라틴을 넣고 주걱으로 잘 섞어준다. 논스틱 오븐팬에 혼합물을 부어 얇게 펼친 다음 80℃ 오븐에서 2시간 동안 굽는다. 오븐에서 꺼낸 뒤 뜨거울 때 일정한 크기로 잘라 원하는 모양으로 주름을 잡거나 구겨놓는다. 플레이팅할 때까지 건조한 장소에서 그대로 말린다.

바질 파우더 POUDRE DE BASILIC

바질 잎을 줄기(보관해두었다가 다른 용도로 활용할 수 있다)에서 떼어낸다. 냄비에 물을 끓인 뒤 바질 잎을 넣고 몇 초간 끓인다. 망국자로 바질 잎을 건져 아주 차가운 물에 담가 식힌다. 종이타월로 물기를 꼼꼼히 닦아낸다. 유산지를 깐 오븐팬 위에 바질 잎을 펼쳐 놓은 뒤 45℃에서 12시간 동안 건조시킨다. 말린 바질 잎을 블렌더로 갈아 가루로 만든다. 밀폐용기에 담아 보관한다.

머랭(선택사항) MERINGUE DÉSUCRÉE (FACULTATIF)

내열 볼에 달걀흰자와 설탕을 넣고 중탕 냄비 위에 올린 뒤 약 55℃에 이를 때까지 거품기로 휘저으며 가열한다. 불에서 내린 뒤 거품기로 계속 휘핑해 머랭을 만든다. 체에 친 슈거파우더를 넣고 주걱으로 잘 섞어 쫀쫀한 질감의 머랭을 완성한다. 짤주머니에 채워 넣는다. 유산지를 깐 오븐팬 위에 지름 약 1cm 크기로 동글동글하게 머랭을 짜 놓은 뒤 주걱으로 살짝 눌러 작은 꽃잎 모양으로 만든다. 바질 파우더를 솔솔 뿌린다. 머랭이 바삭하게 건조될 때까지 80℃ 오븐에서 약 1시간 30분간 굽는다. 머랭이 완전히 식은 뒤 밀폐용기에 담아 보관한다.

조립하기 MONTAGE

딸기를 모두 씻어 꼭지를 따고 반으로 자른다(숲딸기는 제외). 우묵한 접시에 자른 딸기를 보기 좋게 담은 뒤 차가운 딸기즙을 부어준다. 딸기 바질 소르베를 크넬 모양으로 떠서 한 스쿱 올린다. 꽃잎 모양 머랭과 딸기 페이퍼를 보기 좋게 놓는다. 바질 파우더를 살짝 뿌려 마무리한다.

프레지에
FRAISIER

6인분

준비
2시간 30분

냉장
1시간

냉동
30분

조리
15분

보관
냉장고에서 24시간

도구
지름 16cm, 높이
4.5cm 케이크 링
아세테이트 시트
망국자
주방용 붓
짤주머니
푸드 프로세서
전동 스탠드 믹서
베이킹용 밀대
체

재료

딸기즙
딸기 500g

시럽
딸기즙 150g
사탕수수 시럽 20g

크렘 파티시에르
달걀노른자 50g
설탕 40g
우유(전유) 250g
옥수수 전분 25g

팽 드 젠 스펀지
아몬드 페이스트(50%)
166g
달걀 100g
버터(상온의 포마드
상태) 40g
레몬 제스트 ½개분
밀가루 25g
베이킹파우더 3g

피스타치오 프랄리네
설탕 100g
피스타치오 60g
아몬드 40g

크렘 무슬린
크렘 파티시에르 350g
버터(상온의 포마드
상태) 150g

아몬드 페이스트
딸기즙 100g
아몬드 페이스트 100g

데커레이션
딸기 500g
피스타치오 가루 100g

딸기즙 JUS DE FRAISE

볼 위에 체를 걸쳐 놓은 뒤 딸기를 넣는다. 랩으로 단단히 덮어준 다음 중탕 냄비 위에 올린다. 약하게 끓는 상태를 유지하며 3시간 동안 가열한다. 딸기즙이 볼 안으로 흘러내리게 된다.

시럽 SIROP D'IMBIBAGE

딸기즙이 식으면 사탕수수 시럽과 섞어준다.

크렘 파티시에르 CRÈME PÂTISSIÈRE

크렘 파티시에르를 만든다(p.162 과정 참조). 랩을 밀착되게 덮은 뒤 냉장고에 20분 정도 넣어 식힌다.

팽 드 젠 스펀지 BISCUIT PAIN DE GÊNES

전동 스탠드 믹서 볼에 아몬드 페이스트를 넣고 상온의 달걀을 조금씩 넣어가며 플랫비터로 돌려 풀어준다. 상온의 포마드 버터, 레몬 제스트를 첨가한 다음 거품기로 휘저어 섞는다. 미리 베이킹파우더와 섞어둔 밀가루를 넣고 알뜰 주걱으로 잘 혼합한다. 유산지를 깐 오븐팬 위에 반죽을 1.5cm 두께로 펼쳐 놓는다. 170℃로 예열한 오븐에서 12분간 굽는다. 스펀지 시트가 식으면 지름 16cm 원형 2장을 잘라낸다.

피스타치오 프랄리네 PRALINÉ PISTACHE

오븐팬에 피스타치오와 아몬드를 펼쳐놓고 160℃ 오븐에서 10분간 로스팅한다. 냄비에 설탕을 넣고 가열해 캐러멜 색이 나기 시작하면 구운 피스타치오와 아몬드를 넣고 잘 섞어준다. 유산지 위에 쏟아낸 다음 펼쳐 놓고 식힌다. 완전히 식으면 적당한 크기로 부순 뒤 푸드 프로세서에 넣어 갈아준다.

크렘 무슬린 CRÈME MOUSSELINE

전동 스탠드 믹서 볼에 크렘 파티시에르와 상온의 포마드 버터를 넣고 거품기를 돌려 매끈하게 혼합한다. 계속 거품기를 휘핑하듯 돌려 공기가 풍부하게 주입된 크렘 무슬린을 완성한다.

아몬드 페이스트 PÂTE D'AMANDES

남은 딸기즙을 소스팬에 넣고 끈적끈적하고 진한 농도가 될 때까지 최대한 졸인다. 약 20분 정도 식힌 후 아몬드 페이스트에 넣고 섞어 색을 입힌다. 이것을 두장의 아세테이트 시트 사이에 넣고 약 2mm 두께로 길게 밀어준다. 폭 6cm, 길이는 케이크 틀의 둘레에 맞춰 띠 모양으로 재단한다.

조립하기 MONTAGE

지름 16cm 케이크 링 안에 첫 번째 팽 드 젠 스펀지 시트를 깔아준다. 붓으로 시럽을 발라 적신다. 크렘 무슬린을 한 켜 깔아준 다음 꼭지를 딴 딸기 250g을 고루 배치한다. 너무 큰 조각들이 높이 올라오면 끝을 잘라서 평평하게 맞추고 자른 자투리는 가장자리 빈 공간에 채워 넣는다. 짤주머니로 피스타치오 프랄리네를 딸기 사이사이에 짜 넣는다. 그 위에 크렘 무슬린을 전체적으로 다시 한 켜 덮어준다. 두 번째 스펀지 시트를 올려 케이크 링의 높이를 맞춘다. 붓으로 시럽을 발라 적신 뒤 크렘 무슬린을 아주 얇게 한 켜 발라준다. 냉장고에 1시간 동안 넣어둔다. 남은 크렘 무슬린의 무게를 잰 다음 그것의 10%에 해당하는 분량의 피스타치오 프랄리네를 섞어 짤주머니에 넣는다. 유산지 위에 작은 방울 모양을 서로 붙여 짜 놓는다. 냉동실에 30분 넣어둔다. 꺼내서 피스타치오 가루를 뿌린다. 케이크의 링을 제거한다. 다양한 모양으로 자른 딸기를 케이크 위에 보기 좋게 올린다. 크렘 무슬린 방울도 고루 배치한다. 딸기색을 입힌 아몬드 페이스트로 케이크를 빙 둘러준다.

셰프의 조언

가벼운 질감의 크렘 무슬린을 만들기 위해서는
크렘 파티시에르와 포마드 버터의 온도가
동일해야 한다(약 18~20℃).

라즈베리 오페라
OPÉRA FRAMBOISE

6인분

준비
2시간

조리
5분

냉장
2시간

보관
냉장고에서 3일

도구
핸드믹서
직사각형 프레임(37 x 11cm, 높이 2.5cm)
핸드블렌더
주방용 붓
체
조리용 온도계

재료

비스퀴 조콩드
아몬드 가루 125g
슈거파우더 125g
밀가루 35g
전화당 10g
달걀 85g + 85g
녹인 버터 25g
달걀흰자 110g
설탕 25g

라즈베리 초콜릿 가나슈
밀크 초콜릿(카카오 39%) 84g
라즈베리 퓌레 100g
글루코스 8g
설탕 3g
푀유타주용 저수분 버터(beurre sec) 30g

라즈베리 크레뫼
라즈베리 퓌레 90g + 20g
판 젤라틴 2.5g
달걀노른자 33g
달걀 52g
설탕 38g
버터 53g

라즈베리 시럽
물 200g
설탕 200g
라즈베리 퓌레 100g

바닐라 휩드 가나슈
액상 생크림(유지방 35%) 56g + 112g
글루코스 시럽 6g
전화당 7g
화이트 초콜릿 81g
바닐라 빈 1줄기

글레이징
투명 나파주(nappage neutre) 100g
물 20g

라즈베리 콩피
생 라즈베리 200g
설탕 20g
펙틴 NH 2g
레몬즙 10g

데커레이션
식용 금가루
다크 초콜릿(카카오 70%) 100g

비스퀴 조콩드 BISCUIT JOCONDE

아몬드 가루, 슈거파우더, 밀가루를 함께 체에 쳐서 믹싱볼에 담은 뒤 전화당과 달걀 85g을 넣고 핸드믹서를 돌려 15분간 섞는다. 나머지 달걀과 녹인 버터를 넣고 섞는다. 다른 볼에 달걀흰자를 넣고 설탕을 넣어가며 거품기로 휘저어 휘핑한다. 거품 올린 달걀흰자를 반죽 혼합물에 넣고 알뜰 주걱으로 살살 섞어준다. 유산지를 깐 오븐팬 위에 직사각형 프레임 틀을 넣고 비스퀴 반죽 600g을 부어 균일하게 펼쳐 놓는다. 230℃로 예열한 오븐에서 노릇한 색이 날 때까지 굽는다. 살짝 식힌 뒤 프레임 틀을 제거한다. 조콩드 스펀지를 가로로 잘라 3장으로 만든다.

라즈베리 초콜릿 가나슈 GANACHE CHOCOLAT FRAMBOISE

초콜릿을 중탕으로 35℃까지 가열해 녹인다. 소스팬에 라즈베리 퓌레와 글루코스, 설탕을 넣고 35℃까지 가열한다. 여기에 녹인 초콜릿을 붓고 알뜰 주걱으로 잘 저어 섞어 매끈하고 윤기나는 혼합물을 만든다. 버터를 첨가한 뒤 핸드블렌더로 갈아 매끈하게 혼합한다.

라즈베리 크레뫼 CRÉMEUX FRAMBOISE

소스팬에 라즈베리 퓌레 90g을 넣고 끓인다. 젤라틴을 찬물에 담가 말랑하게 불린다. 볼에 달걀노른자, 달걀, 설탕을 넣고 뽀얗고 크리미한 상태가 될 때까지 거품기로 휘저어 섞는다. 여기에 뜨거운 라즈베리 퓌레를 넣고 계속 거품기로 휘저어 섞어준다. 이것을 다시 소스팬으로 옮겨 담은 뒤 82℃까지 끓인다. 불에서 내린 뒤 물을 꼭 짠 젤라틴을 넣고 잘 섞어 녹인다. 나머지 라즈베리 퓌레를 넣어준다. 상온에서 식힌다. 온도가 35℃까지 떨어지면 버터를 넣고 핸드블렌더로 갈아 혼합한다.

라즈베리 시럽 SIROP D'IMBIBAGE FRAMBOISE

소스팬에 물, 설탕을 넣고 끓여 시럽을 만든다. 불에서 내린 뒤 라즈베리 퓌레를 넣고 섞어준다. 식힌다.

바닐라 휘드 가나슈 GANACHE MONTÉE VANILLE

소스팬에 생크림 56g, 글루코스 시럽, 전화당을 넣고 끓인다. 끓으면 화이트 초콜릿이 담긴 볼에 세 번에 나누어 붓고 핸드블렌더로 갈아 혼합한다. 나머지 차가운 생크림을 넣고 잘 섞은 다음 냉장고에 보관한다.

라즈베리 콩피 CONFIT DE FRAMBOISE PÉPIN

소스팬에 라즈베리, 설탕 분량의 ¾을 넣고 가열한다. 나머지 설탕과 펙틴을 섞어 넣어준 다음 끓을 때까지 가열한다. 불에서 내린 뒤 레몬즙을 넣고 섞어준다. 용기에 덜어낸 다음 냉장고에 2시간 동안 넣어 식힌다.

글레이징 NAPPAGE

나파주와 물을 거품기로 잘 섞어준다.

초콜릿 데커레이션 DÉCOR CHOCOLAT

초콜릿을 템퍼링한다(p.187 방법 참조). 템퍼링한 초콜릿을 두 장의 아세테이트 시트 사이에 넣고 얇게 밀어준다. 몇분간 식혀 굳으면 아세테이트 시트 윗장을 떼어낸다. 3 x 11cm 직사각형 6장으로 잘라낸다.

조립하기 MONTAGE

남은 분량의 템퍼링한 초콜릿을 첫 번째 비스퀴 조콩드 시트 위에 발라 막을 한 켜 만들어준다(chablonner). 직사각형 케이크 프레임 안에 이 첫 번째 비스퀴 조콩드 시트를 초콜릿을 입힌 면이 아래로 오도록 깔아준다. 조콩드 시트에 붓으로 라즈베리 시럽을 발라 적신다. 그 위에 라즈베리 초콜릿 가나슈를 흘려 넣어 펼쳐 놓는다. 두 번째 조콩드 스펀지 시트를 올린 뒤 라즈베리 시럽을 발라 적신다. 그 위에 라즈베리 크레뫼를 깔아준 다음 마지막 세 번째 조콩드 스펀지 시트를 얹어준다. 바닐라 휘드 가나슈를 부어 덮어준 다음 냉장고에 최소 20분간 넣어 굳힌다. 라즈베리 콩피로 덮고 매끈하게 마무리한다. 케이크를 6 x 11cm 크기 6조각으로 자른다. 직사각형으로 잘라둔 초콜릿 데커레이션을 오페라 케이크에 각각 얹어준 다음 금가루를 살짝 찍어 올린다.

블랙베리 샤를로트
CHARLOTTE AUX MÛRES ET BISCUITS DE REIMS

6인분

준비
40분

조리
8~10분

보관
냉장고에서 2일

도구
지름 18cm, 높이 6cm
케이크 링
고운 원뿔체
지름 16cm 원형
실리콘 틀
지름 2.5cm 구형
실리콘 틀(5구 이상)
주방용 붓
짤주머니 + 지름
16mm 원형 깍지
L자 스패출러
체
조리용 온도계

재료

레이디핑거 스펀지
달걀노른자 30g
설탕 25g + 10g
바닐라 빈 ½줄기
밀가루 18g
달걀흰자 45g
감자 전분 18g
슈거파우더

블랙베리 인서트
판 젤라틴 2g
생블랙베리 160g
라임즙 ¼개분
설탕 15g
펙틴(325 NH 95) 2g

시럽
물 60g
설탕 5g
블랙베리 15g
라임즙 ¼개분

블랙베리 무스
판 젤라틴 3g
생블랙베리 퓌레 61g
레몬즙 12g
설탕 41g
프로마주 블랑 165g
액상 생크림(유지방
35%) 165g

완성 재료
렝스 핑크 비스퀴
(biscuits roses de
Reims) 1봉지
생블랙베리 375g
레드 옥살리스 잎
레드 소렐 크레스 잎
말린 장미 꽃봉오리

레이디핑거 스펀지 BISCUIT À LA CUILLÈRE

오븐을 180℃로 예열한다. 볼에 달걀노른자와 설탕 25g, 길게 갈라 긁은 바닐라 빈 가루를 넣고 뽀얗고 크리미한 상태가 될 때까지 거품기로 휘저어 섞는다. 체에 친 밀가루를 넣고 잘 섞는다. 다른 볼에 달걀흰자를 넣고 나머지 설탕을 조금씩 넣어가며 단단하게 거품을 올린다. 이어서 체에 친 전분을 넣어준다. 거품낸 달걀흰자를 첫 번째 혼합물에 넣고 주걱으로 살살 섞어준다. 지름 16mm 원형 깍지를 끼운 짤주머니에 채워 넣는다. 유산지를 깐 오븐팬 위에 지름 16cm, 두께 1.5cm 의 나선형 원반 2장을 짜 놓는다. 슈더파우더를 솔솔 뿌린 뒤 녹을 때까지 잠깐 그대로 둔다. 이 과정을 두 번 더 반복한다. 예열한 오븐에 넣어 살짝 노릇한 색이 날 때까지 8~10분 정도 굽는다. 완전히 식힌다.

블랙베리 인서트 INSERT MÛRE

판 젤라틴을 찬물에 담가 말랑하게 불린다. 블랙베리를 씻은 뒤 볼에 레몬즙과 함께 넣고 포크로 눌러 으깨거나 블렌더로 간다. 이것을 냄비에 넣고 펙틴과 섞은 설탕을 넣어준 다음 약하게 끓을 때까지 가열한다. 불에서 내린 다음 물을 꼭 짠 젤라틴을 넣고 잘 섞어 녹인다. 지름 16cm 원형 실리콘 틀 안에 붓고 조립할 때까지 냉동실에 넣어둔다.

시럽 SIROP D'IMBIBAGE

소스팬에 물과 설탕을 넣고 끓여 시럽을 만든다. 상온으로 식힌다. 블랙베리를 씻은 뒤 포크로 눌러 으깨준다. 식은 시럽을 으깬 블랙베리에 붓고 레몬 제스트를 넣어준다. 핸드블렌더로 갈아준 다음 조립할 때까지 냉장고에 넣어둔다.

블랙베리 무스 MOUSSE À LA MÛRE

판 젤라틴을 찬물에 담가 말랑하게 불린다. 소스팬에 블랙베리 퓌레, 레몬즙, 설탕을 넣고 녹이며 80℃까지 가열한다. 불에서 내린 뒤 물을 꼭 짠 젤라틴을 넣고 잘 저어 녹인다. 45℃까지 식힌다. 볼에 생크림을 넣고 거품기로 휘핑한다. 블랙베리 퓌레를 프로마주 블랑에 넣고 알뜰 주걱으로 잘 섞어준다. 여기에 휘핑한 생크림을 넣고 살살 섞어준다. 짤주머니를 이용해 5개의 구형 실리콘 틀에 채워 넣는다. 냉동실에 넣어 완전히 얼려 굳힌다.

조립하기 MONTAGE

케이크 받침 위에 지름 18cm 케이크 링을 놓고 렝스 핑크 비스퀴를 내벽에 빙 둘러 대준다. 레이디핑거 스펀지 시트에 시럽을 살짝 발라 적신 뒤 링 바닥에 깔아준다. 그 위에 블랙베리 무스를 2cm 두께로 채운다. 시럽을 발라 적신 나머지 레이디핑거 시트를 그 위에 얹는다. 그 위에 블랙베리 인서트를 놓고 블랙베리 무스를 2cm 두께로 덮어 마무리한다. L자 스패출러로 표면을 매끈하게 다듬어준 다음 냉장고에 약 3시간 동안 넣어둔다. 샤를로트 케이크의 무스가 굳으면 냉동실에 넣어두었던 틀에서 분리한 작은 구형의 무스와 생블랙베리를 보기 좋게 얹어준다. 슈거파우더를 솔솔 뿌린다. 미니 크레스 잎과 옥살리스 잎, 말린 장미를 고루 올려 장식한다.

블랙커런트 요거트 파블로바
PAVLOVA YAOURT CASSIS

6인분

준비
2시간

조리
4시간

냉장
6시간

냉동
6시간

보관
바로 서빙한다.

도구
지름 7cm 반구형
실리콘 틀(6구)
거품기
블렌더
짤주머니 + 지름 8mm,
12mm 원형 깍지
그레이터
전동 스탠드 믹서
조리용 온도계
아이스크림 메이커

재료

스위스 머랭
달걀흰자 100g
설탕 200g

**블랙커런트 프로즌
요거트**
우유(전유) 246g
탈지우유 분말 29g
포도당 가루 20g
액상 생크림(유지방
35%) 37g
설탕 140g
안정제 8g
전화당 20g
플레인 요거트 500g
블랙커런트 퓌레 200g

블랙커런트 콩포트
펙틴 NH 2g
설탕 30g
블랙커런트 200g

프로마주 블랑 샹티이
액상 생크림(유지방
35%) 200g
설탕 25g
프로마주 블랑 100g
레몬 제스트 ½개분
바닐라 빈 ½줄기

데커레이션
생블랙커런트 200g
미니 레드 소렐 잎

스위스 머랭 MERINGUE SUISSE
믹싱볼에 달걀흰자와 설탕을 넣고 중탕으로 가열한다. 달걀흰자가 익지 않도록 거품기로 세게 계속 저으며 50℃까지 가열한다. 중탕 냄비에서 내린 뒤 볼을 전동 스탠드 믹서에 장착하고 온도가 내려가도록 계속해서 빠른 속도로 거품기를 돌려 단단한 머랭을 완성한다. 지름 8mm 원형 깍지를 끼운 짤주머니에 채운 뒤 미리 오일을 발라 둔 반구형 실리콘 틀에 바닥에서 시작해 나선 모양으로 내벽을 따라 짜 넣는다(둥지 모양 완성). 80℃ 오븐에서 바삭하고 건조해질 때까지 3~4시간 동안 굽는다.

블랙커런트 프로즌 요거트 GLACE AU YAOURT ET AU CASSIS
냄비에 우유, 탈지우유 분말, 포도당 가루, 생크림을 넣고 가열한다. 40℃가 되면 안정제와 미리 섞어둔 설탕을 넣고 이어서 전화당을 넣어준다. 모두 잘 섞으며 85℃까지 가열한다. 용기에 덜어내 살짝 식힌 뒤 뚜껑을 덮고 냉장고에 6시간 넣어 숙성시킨다. 혼합물이 완전히 차가워지면 요거트를 첨가한다. 아이스크림 메이커에 넣어 돌린다. 완성된 아이스크림에 블랙커런트 퓌레를 넣고 알뜰주걱으로 대충 섞어 마블링 효과를 내준다. 서빙할 때까지 냉동실에 보관한다.

블랙커런트 콩포트 COMPOTÉE DE CASSIS
볼에 펙틴과 설탕을 넣고 섞는다. 블랙커런트를 블렌더로 갈아 퓌레로 만든다. 냄비에 블랙커런트 퓌레를 넣고 40℃까지 가열한 다음 설탕, 펙틴 혼합물을 넣고 잘 섞어준다. 1분간 끓인다. 식힌다.

프로마주 블랑 샹티이 CHANTILLY FROMAGE BLANC
생크림에 설탕을 넣어가며 거품기로 단단하게 휘핑한다. 여기에 프로마주 블랑을 넣고 잘 섞은 뒤 레몬 제스트와 길게 갈라 긁은 바닐라 빈 가루를 넣어준다.

조립하기 MONTAGE
둥지 모양 머랭을 틀에서 떼어낸 뒤 그레이터로 바닥을 살살 긁어 평평하게 만들어준다. 여기에 프로즌 요거트를 채워 넣고 블랙커런트 콩포트를 조금 넣어준다. 그 위에 프로마주 블랑 샹티이를 짤주머니로 소복하게 반구형으로 짜 얹는다. 블랙커런트 콩포트를 파블로바 가장자리에 빙 둘러 짜준다. 미니 레드 소렐 잎과 생블랙커런트를 몇 개 얹어 장식한다.

블루베리 치즈 케이크
CHEESECAKE AUX MYRTILLES

8인분

준비
1시간

냉장
1시간~하룻밤

조리
2시간

휴지
1시간

보관
냉장고에서 2일

도구
지름 16cm, 높이 8cm
케이크 링
전동 스탠드 믹서
푸드 프로세서
조리용 온도계

재료

파크 쉬크레
버터 88g
갈색 설탕 47g
달걀 30g
밀가루 150g
아몬드 가루 18g
시나몬 가루 1g
소금(플뢰르 드 셀)
1꼬집
정제버터 50g

크림치즈 필링
크림치즈(필라델피아
치즈 타입) 665g
달걀 65g
설탕 135g
액상 생크림(유지방
35%) 45g

블루베리 퓌레
설탕 33g
펙틴 2g
블루베리 퓌레 165g

완성 재료
블루베리
슈거파우더
식용 금박

파트 쉬크레 PÂTE SUCRÉE
전동 스탠드 믹서 볼에 버터, 설탕, 달걀을 넣고 플랫비터를 돌려 섞는다. 밀가루, 아몬드 가루, 시나몬 가루, 소금을 넣고 대충 섞일 정도로만 돌려준다. 반죽을 덜어내 손으로 뭉친 뒤 넓적하게 만든다. 랩으로 싸서 냉장고에 넣어 1시간 휴지시킨다. 밀가루를 살짝 뿌린 작업대에 반죽을 놓고 약 5mm 두께로 밀어준다. 유산지를 깐 오븐팬에 반죽 시트를 놓고 180℃로 예열한 오븐에서 10분간 굽는다. 꺼내서 완전히 식힌다. 반죽을 잘게 부순 뒤 정제버터를 넣고 섞어준다. 오븐팬에 유산지를 깔고 그 위에 지름 16cm 케이크 링을 놓는다. 분쇄한 파트 쉬크레를 링 안의 바닥과 내벽면에 약 5mm 두께로 꾹꾹 눌러 깔아준다.

크림치즈 필링 CREAM CHEESE
재료를 모두 푸드 프로세서에 넣고 1분간 혼합한다. 파트 쉬크레를 깔아둔 케이크 링 안에 치즈 필링 900g을 부어 채운다. 165℃로 예열한 오븐에서 40분간 굽는다. 이때, 물을 담은 작은 볼을 오븐에 함께 넣어 굽는 동안 습기를 공급한다. 다 구워지면 오븐을 끄고 그 상태로 1시간 동안 둔다. 치즈케이크를 오븐에서 꺼낸 뒤 상온에 1시간 동안 둔다. 냉장고에 보관한다.

블루베리 퓌레 PURÉE DE MYRTILLES
볼에 펙틴과 설탕을 넣고 섞는다. 소스팬에 블루베리 퓌레를 넣고 가열한다. 온도가 40℃가 되면 펙틴과 설탕 혼합물을 넣고 잘 섞은 뒤 끓을 때까지 가열한다. 이것을 차가운 치즈케이크 위에 흘려 붓는다.

완성하기 FINITIONS
치즈 케이크 가장자리에 슈거파우더를 빙 둘러 뿌린다. 생블루베리를 보기좋게 올리고 식용 금박을 얹어 장식한다.

셰프의 조언

· 이 치즈케이크는 다음 날 먹으면 더욱 맛있다.

· 케이크를 굽고난 뒤 온도를 너무 급격히 떨어트리면
움푹 꺼질 수 있으니 주의한다.

레드커런트 고수 판나코타

GROSEILLES ET CORIANDRE

6인분

준비
1시간 20분

조리
12분

냉장
3시간

냉동
3시간

건조
하룻밤

숙성
12시간

보관
조립할 때까지 2일

도구
지름 4cm 원형
쿠키 커터 1개
지름 3.5cm 원형
쿠키 커터 2개
지름 3cm 원형
쿠키 커터 1개
지름 2cm 원형
쿠키 커터 3개
원뿔체
식품 건조기
망국자
핸드블렌더
지름 2cm 구형 틀
짤주머니
푸드 프로세서
베이킹용 밀대
체
실리콘 패드
조리용 온도계
아이스크림 메이커

재료

바닐라 판나코타
판 젤라틴 3.5g
액상 생크림(유지방
35%) 320g
설탕 32g
바닐라 빈 ½줄기

레드커런트 젤
레드커런트 100g
펙틴(325 NH 95) 1g
설탕 25g

고수 볼
판 젤라틴 0.5g
액상 생크림(유지방
35%) 25g + 25g
설탕 5g
생고수잎 5g
마스카르포네 10g
투명 나파주 10g

파트 사블레
버터(상온의 포마드
상태) 65g
슈거파우더 32g
소금 2g
헤이즐넛 가루 32g
달걀 30g
밀가루 30g + 90g

고수 파우더
고수 20g

고수 오팔린
화이트 퐁당슈거 40g
글루코스(38DE) 60g
고수 파우더

레드커런트 소르베
레드커런트 55g
물 21g
설탕 20g
판 젤라틴 0.5g

완성 재료
레드커런트 30g
마이크로 허브(Basil
cress, Zallotti
blossom)

바닐라 판나코타 PANNA COTTA À LA VANILLE

판 젤라틴을 찬물에 넣어 말랑하게 불린다. 냄비에 생크림과 설탕, 길게 갈라 긁은 바닐라 빈을 넣고 가열한다. 끓기 시작하면 불에서 내린 뒤 물을 꼭 짠 젤라틴을 넣고 잘 저어 녹인다. 식힌다. 다양한 크기의 원형 쿠키 커터 7개 바깥쪽에 기름을 살짝 바른 뒤 서빙 접시 위에 보기 좋게 배치한다. 식었지만 아직 걸쭉해진 액체 상태를 유지하고 있는 판나코타 혼합물을 접시에 배치해 놓은 쿠키 커터 바깥 쪽으로 조심스럽게 흘려 넣는다. 냉장고에 넣어 굳힌다. 판나코타가 굳으면 쿠키 커터 링을 제거한다. 링이 잘 떨어지지 않으면 토치로 안쪽에 살짝 열을 가해준다.

레드커런트 젤 GEL GROSEILLE

냄비에 레드커런트를 넣고 가열한다. 미리 펙틴과 섞어둔 설탕을 고루 부어준다. 끓을 때까지 가열한다. 불에서 내린 뒤 핸드블렌더로 갈아준다. 고운 체에 넣고 긁어내린다. 짤주머니에 채워 넣은 뒤 플레이팅할 때까지 냉장고에 넣어둔다.

고수 볼 SPHÈRE À LA CORIANDRE

판 젤라틴을 찬물에 넣어 말랑하게 불린다. 냄비에 생크림 25g과 설탕, 고수잎을 넣고 끓을 때까지 가열한다. 불에서 내린 뒤 핸드블렌더로 갈아준다. 물을 꼭 짠 젤라틴을 넣고 잘 저어 녹인다. 이것을 마스카르포네에 붓고 잘 섞어준다. 나머지 차가운 생크림을 추가한 뒤 핸드블렌더로 다시 한 번 갈아 혼합한다. 냉장고에 최소 2~3시간 동안 넣어둔다. 이 크림을 거품기로 휘핑해준 다음 짤주머니에 채워 넣는다. 구형 틀 안에 채워 넣는다. 냉동실에 2~3시간 동안 넣어 굳힌다. 플레이팅하기 한 시간 전에 투명 나파주를 녹인 뒤 냉동실에서 얼린 고수 볼을 담가 글레이징한다. 냉장고에 보관한다.

파트 사블레 PÂTE SABLÉE

볼에 버터와 슈거파우더, 소금을 넣고 주걱으로 잘 저어 크리미한 상태가 되도록 섞는다. 헤이즐넛 가루를 넣고 잘 섞은 뒤 달걀을 넣는다. 밀가루 30g을 넣고 먼저 잘 섞은 다음 나머지 밀가루 90g을 넣고 섞는다. 반죽을 덩어리로 뭉친 뒤 랩으로 싸서 냉장고에 1시간 넣어 휴지시킨다. 반죽을 2mm 두께로 민다. 원형 커터를 이용해 지름 4cm 원형 6개, 지름 3cm 원형 12개, 지름 2cm 원형 6개를 잘라낸다. 실리콘 패드를 깐 오븐팬에 이 원형 파트 사블레들을 놓고 다른 실리콘 패드로 한 장 덮어준 다음 170℃ 오븐에서 12분간 굽는다.

고수 파우더 POUDRE DE CORIANDRE

냄비에 물을 끓인 뒤 고수잎을 넣고 몇 초간 끓인다. 망국자로 고수잎을 건져낸 다음 아주 차가운 물에 헹궈 식힌다. 종이타월로 꼼꼼히 물기를 닦아낸다. 식품 건조기 트레이에 고수잎을 한 켜로 깐 다음 하룻밤 동안 건조시킨다. 45℃로 맞춰 놓은 오븐에 넣어 12시간 동안 건조시켜도 좋다. 마른 고수잎을 푸드 프로세서로 갈아 가루로 만든다.

고수 오팔린 OPALINE CORIANDRE

냄비에 퐁당슈거와 글루코스를 넣고 160℃까지 끓인 뒤 실리콘 패드 위에 붓는다. 굳도록 그대로 두고 상온으로 식힌다. 작게 부순 뒤 푸드 프로세서로 곱게 갈아 가루로 만든다. 종이타월에 기름을 묻혀 실리콘 패드에 살짝 발라준 다음 오븐팬에 놓는다. 이 실리콘 패드에 퐁당슈거 글루코스 시럽 가루를 뿌리고 그 위에 고수 파우더를 뿌린다. 원형 쿠키 커터를 사용해 지름 2cm 원형 12개, 지름 3cm 원형 6개의 자국을 표시한다. 200℃ 오븐에 몇 분간 넣어 녹인다. 오팔린이 녹으면 바로 몇 분간 식힌 뒤 스패출러를 이용해 조심스럽게 떼어낸다. 플레이팅할 때까지 밀폐용기에 보관한다.

레드커런트 소르베 SORBET À LA GROSEILLE

판 젤라틴을 찬물에 담가 말랑하게 불린다. 레드커런트를 씻어 알알이 떼어놓는다. 냄비에 물과 설탕을 넣고 끓여 시럽을 만든다. 불에서 내린 뒤 물을 꼭 짠 젤라틴을 넣고 잘 저어 녹인다. 시럽의 온도가 45℃로 떨어지면 레드커런트가 담긴 볼에 붓는다. 핸드블렌더로 갈아 혼합한 다음 체에 내린다. 체 위에 남아 있는 과육을 스푼으로 꾹꾹 눌러 으깨가며 긁어내린다. 용기에 덜어낸 뒤 랩을 밀착시켜 덮어준다. 냉장고에 넣어 12시간 동안 숙성시킨다. 아이스크림 메이커에 돌려 소르베를 만든다. 용기에 덜어내 냉동실에 보관한다.

조립하기 MONTAGE

접시 위에 깔아 굳힌 판나코타 위에 고수 파우더를 솔솔 뿌린다. 지름 2cm 원형 파트 사블레를 2cm 판나코타 구멍 안에, 지름 4cm짜리를 지름 4cm 구멍 안에 놓는다. 지름 3cm짜리는 같은 크기의 구멍 위에 살짝 비껴서 걸쳐 놓는다. 빈 구멍에 레드커런트 젤을 짜 넣는다. 반구형 고수 볼을 제일 작은 두 개의 구멍에 놓고 그 위에 오팔린을 얹어준다. 가장 큰 파트 사블레 원형 위에 레드커런트 소르베를 크넬 모양으로 떠서 한 개 얹어준다. 생레드커런트를 보기 좋게 배치하고 마이크로 허브를 올려 장식한다.

레드커런트 믹스 베리 타르트

TARTE GROSEILLES & CIE

6인분

준비
1시간 30분

조리
20~25분

냉장
2시간 20분

보관
냉장고에서 2일

도구
직사각형 케이크
프레임 틀
(19 x 8.5, 높이 2cm)
짤주머니

재료

파트 사블레
버터 75g
슈거파우더 47g
아몬드 가루 15g
밀가루 125g
달걀 30g
소금 1g
바닐라 빈 ½줄기

아몬드 크림
버터(상온의 포마드
상태) 25g
설탕 15g
달걀 25g
아몬드 가루 25g

마스카르포네 크림
판 젤라틴 2g
설탕 25g
액상 생크림(유지방
35%) 25g
마스카르포네 100g

과일 토핑
레드커런트 125g
구스베리 125g
라즈베리 125g
화이트 라즈베리 125g
블랙베리 125g
블루베리 125g

파트 사블레 PÂTE SABLÉE

볼에 버터, 슈거파우더, 아몬드 가루, 밀가루를 넣고 손으로 비비듯이 섞어 부슬부슬한 모래 질감으로 만든다. 달걀을 넣고 잘 섞어준다. 소금, 길게 갈라 긁은 바닐라 빈 가루를 넣어준다. 반죽을 덩어리로 뭉친 뒤 살짝 눌러 넓적하게 만든다. 랩을 씌워 냉장고에서 2시간 동안 휴지시킨다. 케이크 프레임 틀 안쪽에 버터를 바른 뒤 유산지를 깐 오븐팬 위에 놓는다. 반죽을 3mm 두께로 민 다음 케이크 프레임 바닥과 내벽에 앉힌다. 냉장고에 넣어둔다.

아몬드 크림 CRÈME D'AMANDE

볼에 상온의 포마드 버터와 설탕을 넣고 잘 섞는다. 상온의 달걀을 조금씩 넣으며 잘 섞은 뒤 아몬드 가루를 넣어준다. 혼합물을 짤주머니에 채워 넣은 뒤 파트 사블레 시트를 깔아둔 케이크 프레임에 약 ⅓ 높이까지 짜 넣는다. 레드커런트 30g을 고루 배치한 뒤 170℃로 예열한 오븐에서 25~30분간 굽는다.

마스카르포네 크림 CRÈME MASCARPONE

젤라틴을 찬물에 담가 말랑하게 불린다. 냄비에 설탕과 생크림을 넣고 가열해 설탕을 녹인다. 물을 꼭 짠 젤라틴을 넣고 잘 저어 녹인다. 마스카르포네를 조금씩 넣으며 거품기로 잘 섞어준다. 냉장고에 20분 정도 넣어 굳힌다.

조립하기 MONTAGE

구워낸 타르트 필링 위에 마스카르포네 크림 150g을 소복하게 채워 넣는다. 직사각형 프레임 틀을 조심스럽게 제거한다. 타르트 위에 준비한 과일을 고루 섞어 보기 좋게 올린다.

노르딕 링곤베리 파르페
DESSERT NORDIQUE AUX AIRELLES

6인분

준비
1시간

향 우리기
20분

냉장
4시간

조리
45분

숙성
12시간

보관
플레이팅할 때까지 2일

도구
원뿔체
거품기
핸드블렌더
짤주머니 + 지름
15mm 원형 깍지
전동 스탠드 믹서
L자 스패츌러
실리콘 패드
조리용 온도계
아이스크림 메이커

재료

바닐라 크림
액상 생크림(유지방
35%) 500g
바닐라 빈 1줄기
설탕 50g
펙틴 X58 6g

링곤베리 즐레
링곤베리 300g
설탕 20g
젤라틴 가루 5g
물 35g

바닐라 밤 페이스트
밤 크림 130g
밤 페이스트 110g
바닐라 빈 ½줄기

밤 디플로마트 크림
우유(전유) 150g
달걀노른자 25g
설탕 30g
커스터드 분말 12g
젤라틴 가루 2g
물 14g
액상 생크림(유지방
35%) 90g
밤 크림 18g
밤 페이스트 18g

시럽에 절인 링곤베리
링곤베리 50g
밤 시럽 5g
라임즙 5g

그래놀라
녹인 버터 37g
밤나무 꿀 30g
압착 오트밀 134g
굵게 다진 아몬드 34g
건크랜베리 54g
갈색 설탕 7g

바닐라 크림 CRÈME À LA VANILLE

냄비에 생크림, 길게 갈라 긁은 바닐라 빈 가루와 줄기를 모두 넣고 끓인다. 불에서 내린 뒤 뚜껑을 덮고 20분간 향을 우려낸다. 바닐라 빈 줄기를 건져낸다. 다시 불에 올려 가열한다. 설탕과 펙틴을 섞어서 넣어준다. 끓어오르기 시작하면 불에서 내린 뒤 서빙용 유리잔에 따라 넣는다. 냉장고에 넣어 굳힌다.

링곤베리 즐레 GELÉE D'AIRELLE

링곤베리를 블렌더에 넣고 아주 곱게 갈아준다. 체에 넣고 국자로 꾹꾹 누르며 최대로 많은 즙을 받아낸다. 걸러낸 즙의 무게를 잰 다음 필요한 경우 물이나 붉은 베리류 과일(크랜베리, 딸기, 레드커런트) 주스를 첨가해 250g을 준비한다. 이것을 냄비에 넣고 설탕을 첨가한 다음 가열한다. 불에서 내린 뒤 물과 섞은 젤라틴을 넣고 잘 섞는다. 냉장고에 넣어 둔 바닐라 크림이 굳었는지 확인한 뒤 그 위에 링곤베리 즐레를 부어준다. 즐레가 완전히 굳을 때까지 냉장고에 최소 2시간 동안 넣어둔다.

바닐라 밤 페이스트 PÂTE AUX MARRONS

볼에 밤 페이스트를 넣고 주걱으로 부드럽게 풀어준 다음 밤 크림과 바닐라 빈 가루를 넣고 거품기로 잘 섞는다. 플레이팅할 때까지 냉장고에 보관한다.

밤 디플로마트 크림 CRÈME DIPLOMATE À LA CHÂTAIGNE

냄비에 우유를 넣고 끓인다. 볼에 달걀노른자, 설탕, 커스터드 분말을 넣고 뽀얗고 크리미한 상태가 될 때까지 거품기로 휘저어 섞는다. 우유가 끓으면 불에서 내린 뒤 약 ⅓ 정도를 달걀 설탕 혼합물에 붓고 거품기로 잘 섞어준다. 이것을 다시 냄비에 옮겨 부은 뒤 세게 저으며 2~3분간 끓인다. 불에서 내린 뒤 물과 섞은 젤라틴을 넣고 잘 섞어준다. 이 크렘 파티시에르를 볼에 덜어내 랩을 밀착시켜 덮은 뒤 냉장고에 넣어 식힌다. 유리잔에 플레이팅하기 전, 생크림을 거품기로 휘저어 휘핑한다. 밤 크림과 밤 페이스트를 섞는다. 크렘 파티시에르를 거품기로 저어 풀어준다. 이 두 혼합물을 섞어준다. 여기에 휘핑한 생크림을 넣고 알뜰 주걱으로 살살 돌리며 섞는다.

시럽에 절인 링곤베리 AIRELLES MARINÉES

볼에 시럽과 라임즙을 넣고 섞은 뒤 링곤베리를 넣고 부서지지 않게 주의하며 살살 섞어준다. 플레이팅할 때까지 냉장고에 넣어둔다.

그래놀라 GRANOLA

버터와 밤나무 꿀을 함께 녹인다. 오트밀, 아몬드, 갈색 설탕을 섞은 뒤 버터와 꿀을 넣고 잘 저어 섞는다. 통기성이 있는 실리콘 패드를 깐 오븐팬 위에 혼합물을 펼쳐 놓은 뒤 170℃ 오븐에 넣고 노릇한 색이 날 때까지 20~30분 정도 굽는다. 중간중간 고루 섞어준다.

조립하기 MONTAGE

바닐라 밤 페이스트를 짤주머니에 채운 뒤 지름 15mm 크기로 끝을 잘라준다. 각 유리잔 안의 링곤베리 젤리 위 한켠에 약 40g씩 짜 넣는다. 작은 스푼으로 이 바닐라 밤 페이스트에 작은 구멍을 만들어준 다음 그 안에 시럽에 절인 링곤베리를 채워 넣는다. 지름 15mm 원형 깍지를 끼운 다른 짤주머니에 밤 디플로마트 크림을 채운 뒤, 바닐라 빈 페이스트 위에 보기 좋게 소복히 짜 얹는다. 그 옆에 시럽에 절인 링곤베리를 한 스푼 놓는다. 그래놀라를 조금 뿌려 얹는다. 남은 그래놀라는 작은 그릇에 담아 곁들여 낸다.

아사이베리 블랙커런트 에너지 볼
BOWL ÉNERGÉTIQUE

6인분

준비
3시간

냉장
2시간

조리
10분

보관
냉장고에서 24시간

도구
우묵한 접시 6개
감자 필러
전동 스탠드 믹서
조리용 온도계

재료

아사이베리 블랙커런트 무스
아사이베리 퓌레 360g
블랙커런트 퓌레 90g
설탕 30g
젤라틴 가루 9.5g
물 66g
달걀흰자(상온) 90g
글루코스 시럽 90g
전화당 45g
액상 생크림(유지방 35%) 315g

과일 토핑
망고 1개
키위 3개
바나나 3개
석류 1개
애플 블러섬 크레스
레드 소렐 크레스

아사이베리 블랙커런트 무스 MOUSSE AÇAÏ-CASSIS

냄비에 아사이 퓌레, 블랙커런트 퓌레, 설탕을 넣고 약하게 끓을 때까지 가열한다. 불에서 내린 뒤, 물과 섞어 불린 젤라틴을 넣고 잘 저어 녹인다. 전동 스탠드 믹서 볼에 달걀흰자를 넣고 휘저어 거품을 올린다. 다른 냄비에 글루코스 시럽과 전화당을 넣고 120℃까지 끓인 다음, 계속 거품기를 돌리고 있는 달걀흰자 볼에 천천히 부어 넣는다. 계속 거품기를 돌려 단단한 머랭을 만든다. 과일 퓌레 혼합물이 40℃까지 식으면 이 머랭을 넣고 살살 섞어준다. 생크림을 휘핑한 다음 이 혼합물에 넣고 섞어 무스를 완성한다. 우묵한 접시에 담은 뒤 냉장고에 최소 2시간 동안 넣어둔다.

과일 토핑 FRUITS

망고의 껍질을 벗긴 뒤(p.56 테크닉 참조) 감자 필러를 이용해 살을 얇은 띠 모양으로 얇게 저며낸다. 키위의 껍질을 벗긴 뒤 얇은 원형으로 슬라이스한다. 바나나의 껍질을 벗긴 뒤 얇고 동그랗게 썬다. 석류의 껍질을 까서 알알이 분리해 낸다(p.62 테크닉 참조).

플레이팅 DRESSAGE

서빙 바로 전, 차가워진 아사이베리 블랙커런트 무스를 서빙용 볼에 담고 준비한 과일을 보기 좋게 올린다. 애플 블러섬 크레스와 레드 소렐 잎을 얹어 장식한다. 아주 차갑게 서빙한다.

크랜베리 비트 주스
JUS DE CANNEBERGE ET BETTERAVE

주스 1리터 분량

준비
30분

냉장
2시간

보관
냉장고에서 3일

도구
착즙 주서기

재료

주스
생레드비트 400g
크랜베리 1kg
라즈베리 100g
생강 12g
로즈 워터 6g
사탕수수 시럽 120g
물 60g

설탕 코팅 장미 꽃잎
유기농 장미 1송이
달걀흰자 1개분
설탕 100g

주스 JUS
붉은색 비트를 문질러 씻은 뒤 껍질을 벗긴다. 크랜베리와 라즈베리는 씻어서 물기를 제거한다. 이들을 모두 주서기에 넣고 착즙한다. 생강의 껍질을 벗긴 뒤 강판에 곱게 갈아 주스에 넣어준다. 로즈 워터, 사탕수수 시럽, 물을 넣어준다. 서빙할 때까지 냉장고에 최소 2시간 넣어둔다.

설탕 코팅 장미 꽃잎 PÉTALES DE ROSE CRISTALLISÉS
장미의 꽃잎을 한 장 한 장 떼어 분리한다. 달걀흰자를 볼에 넣고 포크로 가볍게 휘저어 풀어준다. 설탕을 다른 볼에 담아놓는다. 장미 꽃잎을 한 장씩 달걀흰자에 담갔다가 설탕을 양면에 묻힌다. 유산지 위에 장미 꽃잎을 한 켜로 놓고 상온에 3시간 동안 두어 굳힌다.

플레이팅 MONTAGE
컵에 얼음을 넣고 주스를 따라 아주 차갑게 서빙한다. 설탕 코팅한 장미 꽃잎을 몇 장 올려 장식한다.

루바브, 베리류, 핑크 프랄린 타르트

TARTE BOULANGÈRE À LA RHUBARBE, FRUITS ROUGES ET PRALINES ROSES

6인분

준비
4시간 30분

냉동
10분

숙성
2시간

냉장
2시간

조리
20분

보관
냉장고에서 2일

도구
지름 22cm 타르트 링
스크래퍼
핸드블렌더
전동 스탠드 믹서
베이킹용 밀대
주방용 붓
짤주머니 + 지름
15mm 원형 깍지
냉동보관용 지퍼백(중)
체
조리용 온도계

재료

크럼블 트로페지엥
버터 40g
설탕 40g
밀가루 70g
소금(플뢰르 드 셀)
0.2g

핑크 프랄린 브리오슈
밀가루(farine de
gruau) 120g
달걀 60g + 달걀 1개
(달걀물 용)
우유(전유) 12g
설탕 12g
소금 2.5g

제빵용 생이스트 4g
생크림(creme
fraiche) 25g
버터(상온의 포마드
상태) 60g
핑크 프랄린 20g

포치드 루바브
생루바브 400g
물 35g
설탕 35g
라즈베리 5g
말린 히비스커스 꽃 1g

**루바브, 라즈베리,
히비스커스 마멀레이드**
생루바브 305g
설탕 70g
펙틴 NH(또는
325NH95) 2.25g
라즈베리 50g
말린 히비스커스 꽃 2g
바닐라 빈 1줄기

디플로마트 크림
판 젤라틴 1.5g
우유(전유) 125g
설탕 25g
바닐라 빈 ½줄기
밀가루(T65) 12g
달걀 40g
버터 15g
액상 생크림(유지방
35%) 80g

데커레이션
투명 나파주(nappage
neutre) 30g
딸기 60g
라즈베리 60g
레드커런트 60g
엘더플라워

크럼블 트로페지엥 CRUMBLE TROPÉZIEN

미리 녹여둔 버터와 설탕, 밀가루, 소금을 볼에 넣고 반죽이 작은 덩어리들 모양이 될 때까지 주걱으로 섞는다. 오븐팬에 펼쳐 놓은 뒤 냉동실에 10분 정도 넣어 굳힌다. 단단해진 반죽 덩어리들을 굵직하게 부순다. 브리오슈를 구울 때까지 밀폐용기에 넣어 보관한다.

핑크 프랄린 브리오슈 BRIOCHE AUX PRALINES ROSES

전동 스탠드 믹서 볼에 버터와 달걀, 프랄린을 제외한 재료를 모두 넣고 도우훅을 돌려 저속으로 5분간 반죽한다. 이어서 중간 속도로 올린 다음, 반죽에 탄력이 생기고 믹싱볼 내벽에서 떨어지기 시작할 때까지 15분간 더 돌려준다. 스크래퍼로 믹싱볼 가장자리를 아래로 훑어주며 전체를 잘 섞는다. 작게 깍둑 썰어둔 버터를 여러번에 나누어 넣으며 반죽이 믹싱볼 내벽에 더 이상 달라붙지 않게 될 때까지 5분 정도 더 반죽한다. 랩을 씌운 뒤 상온에서 부풀도록 30분간 휴지시킨다. 반죽을 덜어내 손으로 펀칭하여 최대한 공기를 빼준다. 이 과정을 통해 반죽에 더욱 탄력이 생긴다. 냉장고에 넣어 최소 2시간 휴지시킨다. 반죽을 3mm 두께로 민 다음 지름 22cm 원형으로 잘라낸다. 이 반죽 시트를 기름을 살짝 발라둔 지름 22cm 타르트 링 안에 놓고 따뜻한 상온에 두거나 26℃로 맞춰 놓은 오븐에 넣어 1시간 30분간 발효시킨다. 달걀물을 풀어 반죽 시트에 바른 뒤 핑크 프랄린과 크럼블 트로페지엥을 고루 뿌려 덮어준다. 160℃로 예열한 오븐에 넣어 노릇한 색이 날 때까지 20분간 굽는다.

포치드 루바브 RHUBARBE POCHÉE

루바브를 흐르는 물에 깨끗이 씻은 뒤 양쪽 끝을 잘라 다듬고 필러로 껍질을 벗긴다. 냉동보관용 지퍼백 크기에 맞춰 토막으로 잘라준다. 볼에 물, 설탕, 라즈베리를 넣고 섞은 뒤 블렌더로 갈아준다. 체에 내려 냄비에 담은 뒤 히비스커스를 넣어준다. 약하게 끓을 때까지 가열한다. 불을 끈 다음 약 50℃까지 식힌다. 냉동용 지퍼백에 루바브를 겹치지 않게 넣어준 다음 이 라즈베리 히비스커스 시럽을 부어넣는다. 공기를 뺀 다음 지퍼백을 단단히 닫아준다. 냄비에 물을 넣고 80℃까지 가열한다. 여기에 루바브 지퍼백을 넣어준다. 72℃를 유지하며 20분간 끓인다. 루바브 지퍼백을 건져낸 뒤 냉장고에 평평하게 넣어 식힌다. 타르트를 조립할 때까지 냉장고에 보관한다.

루바브, 라즈베리, 히비스커스 마멀레이드
MARMELADE À LA RHUBARBE, FRAMBOISE ET HIBISCUS

루바브를 흐르는 물에 깨끗이 씻은 뒤 양쪽 끝을 잘라 다듬고 필러로 껍질을 벗긴다. 사방 약 2cm 크기로 작게 깍둑 썬다. 설탕과 펙틴을 섞어둔다. 냄비에 루바브와 라즈베리, 히비스커스 꽃잎, 바닐라 빈을 넣고 약불로 가열한다. 수분이 증발되도록 유산지를 냄비 크기로 잘라 재료에 밀착시켜 덮어준 뒤 계속 끓인다. 루바브가 콩포트처럼 익으면 설탕, 펙틴 혼합물을 넣어준다. 잘 섞은 뒤 다시 한 번 끓인다. 용기에 덜어낸 뒤 랩을 밀착시켜 덮어준다. 조립할 때까지 냉장고에 넣어 식힌다.

디플로마트 크림 CRÈME DIPLOMATE

판 젤라틴을 찬물에 담가 말랑하게 불린다. 냄비에 우유, 설탕 분량의 ⅓을 넣고 가열한다. 볼에 나머지 설탕과 바닐라 빈, 밀가루를 섞은 뒤 달걀을 넣고 뽀얗고 크리미한 상태가 될 때까지 거품기로 잘 저어 섞는다. 우유가 끓으면 불에서 내린 뒤 반 정도를 볼 안의 혼합물에 붓고 거품기로 세게 휘저어 섞는다. 이것을 다시 냄비에 옮겨 부은 뒤 바닥에 눌어붙지 않도록 주걱으로 잘 저어 섞으며 1분간 끓인다. 불에서 내린 뒤 작게 잘라둔 버터를 넣고 잘 섞는다. 불린 젤라틴의 물을 꼭 짠 다음 넣어준다. 거품기로 잘 저어 섞는다. 이 크렘 파티시에르를 넓은 바트에 덜어내 랩을 밀착시켜 덮은 뒤 냉장고에 넣어 30분 정도 식힌다. 크림이 차갑게 식으면 거품기로 저어 풀어준다. 다른 볼에 아주 차가운 생크림을 넣고 거품기로 단단하게 휘핑한다. 휘핑한 크림을 크렘 파티시에르에 3번에 나누어 넣으며 살살 섞어준다. 완성된 디플로마트 크림을 지름 15mm 원형 깍지를 끼운 짤주머니에 채워 넣는다.

플레이팅 DRESSAGE

포치드 루바브를 꺼내 물기를 털어낸 다음 약 5cm 길이로 어슷하게 썬다. 이것을 평평한 접시 위에 한 켜로 놓고 붓으로 나파주를 아주 얇게 발라준다. 브리오슈를 서빙 플레이트에 놓고 디플로마트 크림을 빙 둘러 방울방울 짜 올린다. 이때 가장자리에 1.5cm 정도의 공간을 남겨둔다. 중앙에 마멀레이드를 채운 뒤 어슷하게 자른 루바브, 4등분으로 자른 딸기, 라즈베리를 보기 좋게 고루 얹어준다. 레드커런트와 엘더플라워를 올려 완성한다.

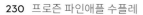

열대과일

프로즌 파인애플 수플레
SOUFFLÉ GLACÉ À L'ANANAS

4인분

준비
45분

냉동
1시간 30분

조리
12시간

보관
3일

도구
지름 8cm 수플레 용기
4개
원뿔체
유산지
아세테이트 시트
만돌린 슬라이서
블렌더
스카치테이프
스패츌러
실리콘 패드

재료

**프로즌 파인애플
수플레**
빅토리아 파인애플
250g
유기농 생강 3g
바닐라 빈 1줄기
화이트 럼 10g
액상 생크림(유지방
35%) 80g
달걀흰자 60g
코코넛 슈거 20g
흰 사탕수수 설탕 60g

**파인애플 콩피
마멀레이드**
껍질을 벗긴 빅토리아
파인애플 과육 280g
아카시아 꿀 40g
코코넛 슈거 10g
바닐라 빈 1줄기
레몬즙 50g
라임 제스트 ½개분

**파인애플 칩,
로스팅한 아몬드**
빅토리아 파인애플
100g
아몬드 가루 30g

프로즌 파인애플 수플레 SOUFFLÉ GLACÉ À L'ANANAS

유산지를 수플레 용기 위로 2cm 정도 올라오도록 내벽에 빙 둘러 대고 테이프로 붙여 고정한다. 아세테이트 시트를 사방 10cm 정사각형으로 잘라 지름 2.5cm의 원통형으로 말아준 뒤 테이프로 고정시킨다. 파인애플의 껍질을 벗긴 뒤(p.28 테크닉 참조) 작게 썬다. 생강은 껍질을 벗긴 뒤 그레이터로 곱게 간다. 파인애플, 생강, 길게 갈라 긁은 바닐라 빈 가루, 럼을 모두 블렌더에 넣고 갈아준다. 체에 걸러 내린다. 생크림을 휘핑한 다음 이 파인애플 퓌레에 넣고 살살 섞어준다. 달걀흰자에 설탕을 넣어가며 단단히 거품을 올린다. 퓌레 혼합물에 넣고 섞어준다. 종이벽을 두른 수플레 용기에 혼합물을 끝까지 채운 뒤 스패츌러로 매끈하게 정리한다. 아세테이트 시트로 만든 작은 원통을 수플레 중앙에 꽂은 뒤 냉동실에 넣어둔다. 한 시간쯤 지난 뒤 작은 원통을 빼낸다. 중앙 부분에 공간이 생긴 상태 그대로 다시 냉동실에 넣어둔다.

파인애플 콩포트 마멀레이드 MARMELADE D'ANANAS CONFIT

파인애플 과육을 사방 5mm 크기로 작게 깍둑 썬다. 냄비에 꿀과 파인애플, 코코넛 슈거, 길게 갈라 긁은 바닐라 빈 가루를 넣고 가열한다. 약불에서 5분 정도 끓인 다음 레몬즙과 라임 제스트를 넣어준다. 용기에 덜어낸 뒤 냉장고에 넣어둔다.

파인애플 칩, 로스팅한 아몬드 CHIPS D'ANANAS & AMANDES TORRÉFIÉES

만돌린 슬라이서를 이용해 파인애플을 세로로 아주 얇게 슬라이스한다. 45℃ 오븐 또는 건조기에 넣고 12시간 동안 말린다. 식힌 뒤 밀폐용기에 넣어 건조한 곳에 보관한다. 유산지를 깐 오븐팬 위에 아몬드 가루를 펼쳐 놓는다. 180℃ 오븐에 넣어 살짝 갈색이 날 때까지 10분간 로스팅한다. 중간중간 잘 저어 섞어준다. 식힌 다음 건조한 곳에 보관한다.

조립하기 MONTAGE

수플레 용기 안쪽에 둘러놓았던 종이를 빼낸 다음 로스팅한 아몬드 가루를 솔솔 뿌린다. 마멀레이드를 따뜻하게 데운 뒤 수플레 중앙 빈 구멍에 채워 넣는다. 파인애플 칩을 올려 장식한다.

샴페인 사바용을 곁들인
파파야 생강 카르파치오

CARPACCIO DE PAPAYE ET GINGEMBRE, SABAYON AU CHAMPAGNE

4인분

준비
1시간

냉장
12시간

조리
24시간

보관
냉장고에서 24시간

도구
원뿔체
만돌린 슬라이서
핸드블렌더
주방용 붓
푸드 프로세서
휘핑용 사이펀 +
가스 캡슐 1개
마이크로플레인
그레이터
실리콘 패드
조리용 온도계

재료

파파야 콩피, 치아씨드
파파야 65g
치아씨드 8g

파파야 튀일
파파야 20g

샴페인 사바용
판 젤라틴 4g
설탕 25g
달걀노른자 40g
우유(전유) 125g
바닐라 빈 ½줄기
샴페인 125g

그린 파파야 줄리엔
그린 파파야 80g
물 115g
설탕 20g
유기농 생강 2g
라임 제스트 ½개분
라임즙 5g
카피르 라임 잎 1장

파파야 마멀레이드
파파야 115g
라임즙 7g
설탕 7g
민트 잎 1g
카피르 라임 잎 1장

파파야 카르파치오
파파야 336g
올리브오일 42g
라임즙 21g
라임 제스트 4.2g

데커레이션
볶은 참깨
검은 깨

파파야 콩피, 치아씨드 CONFIT DE PAPAYE ET CHIA
파파야의 껍질을 벗긴 뒤 블렌더로 갈아준다. 여기에 치아씨드를 넣고 랩으로 덮은 뒤 냉장고에 넣고 12시간 동안 불린다.

파파야 튀일 TUILES DE PAPAYE
파파야의 껍질을 벗긴 뒤 푸드 프로세서에 갈아준다. 실리콘 패드를 깐 오븐팬 위에 파파야 퓌레를 얇게 펼쳐 놓는다. 60℃ 오븐에서 24시간 동안 건조시킨다.

샴페인 사바용 SABAYON À FROID
판 젤라틴을 찬물에 담가 말랑하게 불린다. 볼에 설탕과 달걀노른자를 넣고 뽀얗고 크리미한 상태가 될 때까지 거품기로 휘저어 섞는다. 냄비에 우유를 넣고 가열해 살짝 끓기 시작하면 설탕, 달걀 혼합물에 넣고 거품기로 잘 섞는다. 다시 냄비에 옮겨 담은 뒤 주걱으로 계속 잘 저으며 82℃까지 가열한다. 불린 젤라틴의 물을 꼭 짜 넣는다. 길게 갈라 긁은 바닐라 빈 가루와 샴페인을 넣어준다. 핸드블렌더로 갈아 혼합한 뒤 휘핑 사이펀에 채워 넣는다. 가스 캡슐 한 개를 끼운다. 잘 흔들어 섞은 뒤 냉장고에 뉘어 보관한다.

그린 파파야 줄리엔 JULIENNE DE PAPAYE VERTE
파파야의 껍질을 벗긴다. 만돌린 슬라이서로 얇게 저민 뒤 가늘게 채썬다. 냄비에 물, 설탕, 껍질을 벗겨 강판에 간 생강, 레몬과 라임 제스트, 즙, 카피르 라임 잎을 넣고 가열한다. 시럽이 끓기 시작하면 불을 끄고 향을 우려낸다. 미지근한 온도까지 식으면 채썬 파파야와 함께 지퍼백에 넣어준다. 공기를 최대한 빼고 지퍼백을 밀봉한 뒤 30분간 향이 우러나도록 둔다. 파파야 채를 건져내 따로 보관한다.

파파야 마멀레이드 MARMELADE DE PAPAYE
파파야의 껍질을 벗긴 뒤 푸드 프로세서로 갈아준다. 냄비에 파파야 퓌레와 다른 재료를 모두 넣고 가열한다. 약하게 끓기 시작하면 불에서 내린 뒤 식힌다. 플레이팅할 때까지 냉장고에 보관한다.

파파야 카르파치오 CARPACCIO DE PAPAYE
파파야의 껍질을 벗긴 뒤 만돌린 슬라이서를 이용해 2mm 두께로 얇게 저민다. 볼에 올리브오일, 라임즙, 라임 제스트를 넣고 잘 섞는다. 접시에 파파야 슬라이스를 펼쳐놓은 뒤 붓으로 소스를 발라준다.

조립하기 MONTAGE
우묵한 접시 가장자리에 파파야 카르파치오를 꽃모양으로 빙 둘러 놓는다. 파파야 마멀레이드를 중앙 바닥에 깔고 그 위에 치아씨드를 넣어 불린 파파야 콩피를 얹어준다. 그 위에 채썬 파파야를 '새 둥지' 모양으로 빙 둘러 놓는다. 두 가지 깨를 뿌린 뒤 '새 둥지' 중앙에 샴페인 사바용을 짜 얹어준다. 파파야 튀일을 곁들여 서빙한다.

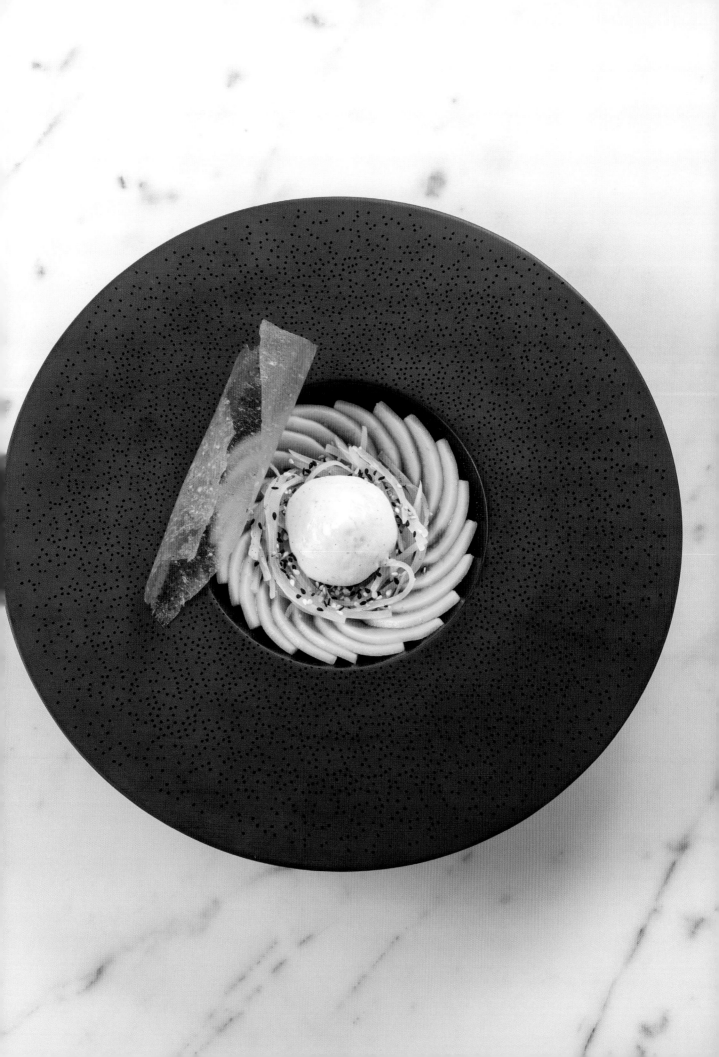

바나나, 밀크 초콜릿, 스페큘러스 케이크

ENTREMETS BANANE, CHOCOLAT AU LAIT ET SPÉCULOOS

6인분

준비
3시간

조리
40분

냉장
3시간

냉동
5시간

보관
냉장고에서 3일

도구
지름 15cm, 높이 4cm
케이크 링
푸드 프로세서
주방용 토치(선택사항)
굵은 체망(5mm
눈금망)
핸드블렌더
벨벳 스프레이 건
지름 18cm, 높이 5cm
실리콘 케이크 틀
아세테이트 시트
전동 스탠드 믹서
L자 스패출러
실리콘 패드
조리용 온도계

재료

바나나 크레뫼
달걀 50g
설탕 50g
액상 생크림(유지방
35%) 50g
바나나 퓌레 58g
젤라틴 가루 2g
물 12g
화이트 초콜릿(카카오
33%) 25g
버터 92g

사블레 스페큘러스
버터 40g
갈색 설탕 40g
고운 소금 0.4g
시나몬 가루 0.4g
넛멕 가루 0.4g
달걀 14g
밀가루 56g
베이킹파우더 1g

스페큘러스 크러스트
블론드 초콜릿(카카오
35% Orelys) 70g
사블레 스페큘러스
135g
크리스피 푀양틴
(feuillantine) 50g
소금(플뢰르 드 셀)
0.5g
피칸(로스팅한 뒤
굵직하게 다진다) 50g

바나나 스펀지
바나나 퓌레 98g
생아몬드 페이스트
122g
밀가루 13g
달걀 90g
달걀노른자 8g
머스코바도 설탕 13g
달걀흰자 25g
설탕 5g
녹인 버터 28g
피칸(로스팅 한 뒤
굵직하게 다진다) 20g

바나나 콩포트
완전히 익은 바나나 2개
녹인 버터 25g
비정제 황설탕 25g

바나나 퓌레 50g
레몬즙 3g

데커레이션
황색 카카오 버터 100g
밀크 초콜릿 15g
말린 바나나 칩

밀크 초콜릿 무스
젤라틴 가루 4g
물 24g
달걀노른자 45g
설탕 30g
우유(전유) 165g
밀크 초콜릿(카카오
46%) 150g

액상 생크림(유지방
35%) 210g

투명 나파주
투명 나파주(nappage
neutre) 250g
물 30g

바나나 크레뫼 CRÉMEUX BANANE

볼에 달걀, 설탕, 생크림을 넣고 거품기로 휘저어 섞는다. 냄비에 바나나 퓌레를 넣고 가열한다. 여기에 생크림 혼합물을 넣고 끓을 때까지 가열한다. 불에서 내린 뒤 물과 섞어 불린 젤라틴과 잘게 썬 화이트 초콜릿을 넣고 잘 섞는다. 40°C까지 식힌 뒤 버터를 넣어준다. 핸드블렌더로 갈아 혼합한 다음 랩을 밀착시켜 덮어 냉장고에 1시간 넣어둔다.

사블레 스페큘러스 SABLÉ SPÉCULOOS

전동 스탠드 믹서 볼에 버터와 갈색 설탕, 소금, 시나몬, 넛멕 가루를 넣고 플랫비터를 돌려 크리미한 상태가 될 때까지 섞는다. 상온의 달걀을 넣고 잘 섞은 뒤 베이킹파우더와 함께 체에 친 밀가루를 넣어준다. 잘 섞은 뒤 5mm 눈금 체망에 한 번 내려준다. 실리콘 패드를 깐 오븐팬에 펼쳐 놓은 뒤 150°C(컨벡션 모드)에 넣어 15분간 굽는다.

스페큘러스 크러스트 SABLÉ RECONSTITUÉ SPÉCULOOS

초콜릿을 중탕으로 녹인다. 볼에 사블레 스페큘러스, 크리스피 푀양틴, 손으로 곱게 부순 플뢰르 드 셀 소금, 피칸, 45°C까지 식힌 초콜릿을 넣고 알뜰 주걱으로 살살 섞어준다. 유산지를 깐 오븐팬 위에 지름 15cm 케이크 링을 놓은 뒤 혼합물을 채워 넣고 꾹꾹 눌러 3cm 두께의 크러스트를 만든다. 케이크 링을 제거한 뒤 조립할 때까지 냉동실에 넣어둔다.

바나나 스펀지 BISCUIT MOELLEUX BANANE

오븐을 180°C로 예열한다. 바나나 퓌레와 아몬드 페이스트, 밀가루, 달걀, 달걀노른자, 머스코바도 설탕을 푸드 프로세서에 넣고 갈아 부드럽게 혼합한다. 볼에 덜어낸다. 다른 볼에 달걀흰자를 넣고 거품을 올린다. 설탕을 조금씩 넣어가며 계속 저어 단단하게 거품을 올린다. 거품 올린 달걀흰자를 바나나 혼합물에 넣고 주걱으로 살살 섞어준다. 녹인 버터를 넣고 잘 섞은 뒤 피칸을 넣고 살살 섞는다. 실리콘 패드를 깐 오븐팬 위에 지름 15cm 케이크 링을 놓고 반죽 혼합물을 채워 넣는다. 오븐에 넣어 10~15분 굽는다. 식힌 뒤 링을 제거한다.

바나나 콩포트 COMPOTÉE BANANES

바나나의 껍질을 벗긴 뒤 동그랗게 슬라이스한다. 볼에 바나나와 녹인 버터, 황설탕을 넣고 주걱으로 살살 섞어준다. 바나나를 구울 때 동그란 모양이 그대로 유지되어야 한다. 실리콘 패드를 깐 오븐팬 위에 바나나를 한 켜로 펼쳐 놓은 뒤 160°C 오븐에서 10분간 굽는다. 바나나를 식힌 뒤 포크로 굵직하게 으깨준다. 여기에 바나나 퓌레와 레몬즙을 넣고 잘 섞어준다. 조립할 때까지 냉장고에 넣어둔다.

데커레이션 DÉCOR

카카오 버터를 중탕으로 30°C까지 가열해 녹인다. 초콜릿을 템퍼링한다. 우선 다른 내열 볼에 밀크 초콜릿을 넣고 중탕으로 45°C까지 가열해 녹인 뒤 얼음물이 담긴 큰 볼 위에 놓고 27~28°C까지 식힌다. 다시 중탕 냄비 위에 올려 29~30°C까지 가열한다. 카카오 버터를 스프레이 건에 채워 넣는다. 케이크를 조립하기 전에 실리콘 케이크 틀 바닥과 내벽에 분사해준다. 털이 뻣뻣한 붓을 템퍼링한 초콜릿에 담가 묻히고 칼날 끝으로 살짝 긁어준 다음 코코아 버터 분사 층 위에 흩뿌려준다. 남은 밀크 초콜릿을 두 장의 아세테이트 시트 사이에 넣고 얇게 밀어준다. 몇 분간 그대로 두어 어느 정도 굳으면 윗면의 아세테이트 시트를 떼어낸다. 칼등 면과 자를 이용해 밑변 3cm, 길이 18cm의 길쭉한 삼각형 모양으로 금을 표시한다. 그대로 믹싱볼 안에 넣고 휘어진 모양으로 몇 분간 굳힌다. 나머지 아세테이트 시트를 조심스럽게 떼어낸다.

인서트 만들기 MONTAGE DE L'INSERT

지름 15cm 링 안에 스페큘러스 크러스트를 깔아준다. 그 위에 바나나 스펀지를 놓는다. 바나나 콩포트를 균일하게 한 켜 펼쳐 발라준 다음 냉동실에 30분간 넣어둔다. 바나나 크레뫼를 링 안에 채운 뒤 L자 스패출러로 매끈하게 밀어준다. 냉동실에 1시간 동안 넣어 얼린다. 케이크 링을 제거한다. 토치로 링 바깥 면을 살짝 가열해주면 링을 쉽게 빼낼 수 있다. 최종 조립할 때까지 냉동실에 넣어둔다.

밀크 초콜릿 무스 MOUSSE AU CHOCOLAT AU LAIT

볼에 달걀노른자와 설탕을 넣고 거품기로 휘저어 뽀얗게 섞는다. 냄비에 우유를 뜨겁게 데운 뒤 달걀노른자, 설탕 혼합물을 넣고 주걱으로 계속 저으며 83°C까지 가열한다. 물과 섞어 불린 젤라틴을 넣고 잘 섞은 뒤, 잘게 잘라둔 초콜릿 위에 부어준다. 핸드블렌더로 갈아 매끈하게 혼합한 다음 29°C까지 상온에서 식힌다. 다른 볼에 생크림을 넣고 단단하게 휘핑한 다음 혼합물에 넣고 주걱으로 살살 섞어준다.

투명 나파주 NAPPAGE NEUTRE

투명 나파주와 물을 주걱으로 조심스럽게 섞어준다. 최종 완성된 케이크의 틀을 제거할 때 만들어 준비하면 된다.

조립하기 MONTAGE

실리콘 케이크 틀 안에 초콜릿 무스를 1cm 두께로 바닥에 깔아준다. 최대한 공기를 빼준다. 스패출러로 틀 가장자리에도 초콜릿 무스를 발라준다. 인서트를 스페큘러스 크러스트가 위로 오도록 넣는다. 가장자리를 스패출러로 매끈하게 다듬은 다음 냉동실에 최소 3시간 동안 넣어둔다. 케이크를 틀에서 꺼낸 뒤 투명 나파주를 입힌다. 스패출러로 매끈하게 다듬어준다.

열대과일 볼케이노
PITON DE LA FOURNAISE*

6인분

준비
40분

냉장
10분

보관
냉장고에서 24시간

도구
지름 12cm 원형
쿠키 커터
아세테이트 시트
조리용 온도계

재료

패션프루트 젤리
패션프루트 2개
패션프루트 퓌레 600g
한천 분말(agar agar)
3g

과일 샐러드
망고 1개
파인애플 ½개
키위 1개
파파야 1개
용과 1개
리치 10개
패션프루트 3개
미니 바질 잎 몇 장

패션프루트 젤리 GELÉE DE FRUIT DE LA PASSION
패션프루트를 반으로 잘라 씨를 긁어낸다. 과육즙은 따로 두었다가 샐러드용으로 사용한다. 패션프루트 씨를 흐르는 물에 씻어 묻어 있는 과육을 제거한다. 냄비에 패션프루트 퓌레와 한천 분말을 넣고 잘 섞어 녹이며 가열한다. 30초간 끓인다. 불에서 내린 뒤 50℃까지 식으면 아세테이트 시트 위에 부어 얇게 펼친다. 젤리가 굳기 전에 패션프루트 씨를 고루 뿌린다.

과일 샐러드 SALADE DE FRUITS
망고(p.56 참조), 파인애플(p.28 참조), 키위, 용과, 리치의 껍질을 벗기고 씨가 있는 과일은 씨를 제거한다. 과육을 모두 4mm 크기로 잘게 깍둑 썬다. 모두 볼에 넣고 패션프루트 과육과 즙을 넣고 섞어준다.

플레이팅 MONTAGE
원형 커터를 이용해 지름 12cm 크기로 패션프루트 젤리 12장을 잘라낸다. 접시 위에 첫 번째 젤리를 깔아준 다음 과일 샐러드를 소복하게 올린다. 젤리를 한 장 더 올려 덮어준 다음 칼끝으로 중앙 부분을 십자로 잘라 안의 과일이 드러나도록 해준다. 미니 바질 잎을 얹어 장식한다.

* 이 디저트의 모티브가 된 '피통 드 라 푸르네즈(Piton de la Fournaise)'는 프랑스의 해외 영토인 레위니옹에 위치한 화산의 이름으로 '용광로의 봉우리'라는 뜻이다. 세계에서 가장 활동이 활발한 화산들 중 하나로, 가장 최근의 분출은 2020년 12월 7일에 있었다.

리치 하모니
L'HARMONIE AU LITCHI

6인분

준비
3시간

조리
15분

냉동
3시간

숙성
4시간

냉장
1시간 30분

보관
조립할 때까지
냉장고에서 24시간

도구
사방 10cm 정사각형
프레임 틀
지름 6.5cm, 지름 5cm
원형 쿠키 커터
핸드블렌더
바깥 지름 8.5cm, 안
지름 5cm, 깊이 1.8cm
링 모양 실리콘 틀
짤주머니 + 지름
12mm 원형 깍지
푸드 프로세서
베이킹용 밀대
실리콘 패드
조리용 온도계
아이스크림 메이커

재료

리치 크레뫼 링
판 젤라틴 1.5g
리치 퓌레 100g
꿀 15g
달걀 100g
달걀노른자 20g
버터 50g

**아몬드 헤이즐넛
사블레 링**
밀가루 57g
소금(플뢰르 드 셀) 1g
슈거파우더 14g
아몬드 가루 7g
헤이즐넛 가루 7g
버터 27g
달걀 15g

우메보시 젤리
판 젤라틴 2g
물 90g
우메보시 90g
라임즙 25g
소금 1g

**레드커런트 샴페인
소르베**
글루코스 시럽 100g
설탕 52g
안정제 2.5g
레드커런트 퓌레 220g
로제 샴페인 125g

데커레이션
리치 1kg
레드커런트 125g
미니 레드소렐 잎

리치 크레뫼 링 CRÉMEUX AU LITCHI
젤라틴을 찬물에 담가 말랑하게 불린다. 냄비에 리치 퓌레와 꿀을 넣고 가열한다. 달걀과 달걀노른자를 풀어 냄비에 첨가한 뒤 잘 저으며 82℃까지 끓인다. 주걱을 들어올렸을 때 묽게 흘러내리지 않고 묻는 농도가 되면 적당하다. 불에서 내린 뒤 물을 꼭 짠 젤라틴을 넣고 잘 저어 녹인다. 50℃까지 식힌 뒤 버터를 넣고 잘 섞는다. 크레뫼 혼합물을 링 모양 틀에 채운 뒤 냉동실에 3시간 동안 넣어둔다. 또는 지름 12mm 원형 깍지를 끼운 짤주머니에 채워 넣은 뒤 플레이팅할 때까지 냉장고에 보관한다.

아몬드 헤이즐넛 사블레 링 SABLÉ AMANDE NOISETTE
작업대에 가루 재료와 버터를 놓고 손가락으로 비비듯 섞어 굵직하고 부슬부슬한 크럼블처럼 만든다. 중앙에 빈 공간을 만든 뒤 달걀을 넣어준다. 부슬부슬한 반죽을 중앙으로 모아가며 달걀과 혼합한다. 반죽을 작업대에 놓고 손바닥 안쪽으로 끓듯이 눌러주며 문지른다(fraisage). 반죽을 덩어리로 뭉친 뒤 랩을 덮어 냉장고에서 1시간 동안 휴지시킨다. 반죽을 3mm 두께로 민 다음 지름 6.5cm 원형 커터로 6장을 잘라낸다. 지름 6.5cm 원반 중앙에 지름 5cm 원형 커터를 찍어 구멍을 낸다. 실리콘 패드를 깐 오븐팬 위에 링 모양 반죽을 놓고 170℃ 오븐에서 12분간 굽는다. 완전히 식힌다.

우메보시 젤리 GELÉE DE PRUNES SÉCHÉES SALÉES
젤라틴을 찬물에 담가 말랑하게 불린다. 냄비에 물을 끓인 뒤 불에서 내린다. 여기에 우메보시(씨는 제거한다)를 넣고 10분간 불린다. 불린 우메보시를 블렌더에 갈아 퓌레로 만든다. 라임즙과 소금을 첨가한 뒤 끓인다. 불에서 내린 뒤 물을 꼭 짠 젤라틴을 넣고 잘 저어 녹인다. 실리콘 패드를 깐 오븐팬 위에 사방 10cm 정사각형 프레임을 놓고 그 안에 우메보시 혼합물을 흘려 넣는다. 냉장고에 넣어 1시간 동안 굳힌다. 굳은 젤리를 사방 1cm 큐브 모양으로 자른다.

레드커런트 샴페인 소르베 SORBET GROSEILLE CHAMPAGNE
설탕과 안정제를 섞어둔다. 냄비에 레드커런트 퓌레와 글루코스를 넣고 가열한다. 온도가 40℃에 달하면 안정제와 섞어둔 설탕을 넣고 잘 저으며 85℃까지 계속 가열한다. 불에서 내린 뒤 핸드블렌더로 매끈하게 갈아준다. 샴페인을 넣고 다시 한 번 갈아준다. 아이스크림 메이커에 넣고 돌려 소르베를 만든다. 용기에 덜어낸 다음 냉동실에 보관한다.

조립하기 MONTAGE
각 서빙 접시 위에 리치 크레뫼 링을 하나씩 놓는다(혹은 짤주머니로 링 모양을 짜 놓는다). 그 위에 사블레 링을 올려놓는다. 리치의 껍질을 벗기고 씨를 빼낸 뒤 4등분한다. 이 리치 과육을 사블레 링 위에 보기 좋게 얹어준다. 소르베를 작은 크넬 모양으로 떠서 3개씩 올린다. 우메보시 젤리 큐브와 레드커런트를 고루 배치한다. 미니 레드소렐 잎을 얹어 장식한다.

망고와 코코넛 링
MANGUE AU PAYS DU LEVANT

6인분

준비
1시간

조리
40분

숙성
12시간

냉동
30분

보관
냉장고에서 24시간

도구
원뿔체
지름 3cm 원형
쿠키 커터
지름 4cm 원형
쿠키 커터
지름 6cm 원형
쿠키 커터
핸드블렌더
L자 스패출러
실리콘 패드
조리용 온도계
아이스크림 메이커

재료

망고 소르베
설탕 88g
물 115g
레몬즙 12.5g
젤라틴 가루 1.5g
물 10g
망고 퓌레 150g

코코넛 타피오카 링
코코넛 밀크 600g
물 600g
흰색 타피오카 펄(작은
알갱이) 60g
액상 생크림(유지방
35%) 200g
바닐라 빈 1줄기

망고 콩피
생망고 과육 400g
설탕 40g
펙틴 NH 3g

완성 재료
생망고 2개
칼렌듈라 꽃잎 40g
식용 금박

망고 소르베 SORBET MANGUE
냄비에 설탕과 물을 넣고 끓여 시럽을 만든다. 불에서 내린 뒤 레몬즙, 물에 적셔 불린 젤라틴을 넣고 잘 저어 녹인다. 식힌다. 시럽에 망고 퓌레를 넣고 핸드블렌더로 갈아 혼합한다. 밀폐용기에 옮겨 담은 뒤 냉장고에 넣어 12시간 동안 숙성시킨다. 아이스크림 메이커에 넣고 돌려 소르베를 만든다. 오븐팬에 소르베를 1cm 두께로 펼쳐놓은 뒤 30분간 냉동실에 넣어 얼린다. 원형 커터로 지름 4cm 원반형 소르베 6장, 지름 3cm 원반형 소르베 6장을 잘라낸다. 다시 오븐팬에 놓고 플레이팅할 때까지 냉동실에 보관한다.

코코넛 타피오카 링 PERLES DU JAPON
냄비에 코코넛 밀크와 물을 넣고 끓인다. 알갱이가 작은 화이트 타피오카 펄을 넣고 약불로 35분 정도 끓인다. 체에 걸러낸 뒤 냉장고에 넣어 식힌다. 생크림에 길게 갈라 긁은 바닐라 빈 가루를 넣고 거품기로 돌려 휘핑한다. 휘핑한 생크림을 타피오카에 넣고 알뜰 주걱으로 살살 섞어준다. 지름 6cm 원형 커터 중앙에 지름 3cm 원형 커터를 놓고 타피오카 혼합물을 두 개의 링 사이 공간에 약 2cm 두께로 넣어 채운다. 냉동실에 보관한다. 서빙 20분 전에 냉장실로 옮겨놓는다.

망고 콩피 CONFIT DE MANGUE
망고의 껍질을 벗기고 잘라(p.56 참조) 브뤼누아즈로 잘게 깍둑 썬다. 냄비에 망고와 설탕 20g을 넣고 가열한다. 나머지 설탕 20g에 펙틴을 넣고 섞은 뒤 냄비에 넣어준다. 잘 저어주며 끓을 때까지 가열한다. 용기에 덜어내 식힌 뒤 냉장고에 넣어둔다. 사용 전에 블렌더로 갈아준다.

조립하기 MONTAGE
망고의 껍질을 벗긴 뒤 2mm 두께로 얇게 썬다. 우묵한 접시 바닥에 망고 콩피를 담고 큰 사이즈의 원반형 소르베, 이어서 타피오카 링을 그 위에 놓는다. 얇게 슬라이스한 망고를 반으로 접어 꽃모양처럼 빙 둘러 놓는다. 작은 원반형 소르베를 중앙에 얹은 뒤 그 위에 큐브 모양으로 잘게 썬 망고를 올린다. 칼렌듈라 꽃잎과 식용 금박을 얹어 장식한다.

레몬그라스 향 코코넛 스퀘어 케이크
CARRÉ TOUT COCO, INFUSION CITRONNELLE

16인분

준비
2시간 30분

조리
30분

숙성
12시간

냉동
2시간

보관
2일

도구
사방 5cm, 높이 1.8cm
정사각 스텐 틀 16개
사방 16cm 정사각
프레임 틀
원뿔체
지름 2cm 원형
쿠키 커터
핸드블렌더
스패출러
벨벳 스프레이 건
조리용 온도계
아이스크림 메이커

재료

코코넛 사블레
밀가루(T65) 30g
버터 22g
코코넛 과육 슈레드
15g
비정제 황설탕 10g
베이킹파우더 1g
라임 제스트 ¼개분
달걀노른자 5g

코코넛 스펀지
달걀 40g
달걀노른자 15g
설탕 35g
고운 소금 0.4g
코코넛 과육 슈레드
50g
아몬드 가루 15g
밀가루(T65) 15g

베이킹파우더 0.8g
버터 36g
달걀흰자 30g
설탕 25g

코코넛 레몬그라스 젤
코코넛 밀크 125g
레몬그라스 ¼줄기
유기농 생강 1티스푼
라임 제스트 ¼개분
설탕 10g
펙틴(325 NH 95)
1.25g
옥수수 전분 1.25g
라임즙 5g

코코넛 휩드 가나슈
액상 생크림(유지방
35%) 30g + 60g
코코넛 퓌레 30g
젤라틴 가루 0.75g
물 5.25g
화이트 초콜릿(카카오
35% Ivoire) 24g
카카오 버터 1.8g

화이트 글라사주
판 젤라틴(골드 200B)
1.8g
우유(전유) 180g
액상 생크림(유지방
35%) 50g
펙틴(325 NH 95) 2.1g
설탕 10g

**화이트 초콜릿 벨벳
스프레이**
화이트 초콜릿(카카오
35% Ivoire) 100g
카카오 버터 60g
코코넛 과육 슈레드
100g

코코넛 소르베
설탕 90g
달걀노른자 75g
안정제(선택사항) 2g
코코넛 밀크 300g
액상 생크림(유지방
35%) 150g

코코넛 샹티이
코코넛 크림 200g
액상 생크림(유지방
35%) 70g + 180g
설탕 24g
바닐라 빈 1줄기
젤라틴 가루 4g
물 28g

투명 글라사주
설탕 150g
펙틴 NH 5g
물 150g
글루코스(38 DE)
12.5g
시트르산 용액 또는
레몬즙 25g

데커레이션
코코넛 과육 슈레드

코코넛 사블레 SABLÉ COCO
밀가루에 버터를 넣고 손으로 비비듯 섞어 굵직하고 부슬부슬한 질감을 만든다. 코코넛 과육 슈레드, 황설탕, 베이킹 파우더, 라임 제스트를 넣고 손으로 섞은 뒤 마지막으로 달걀노른자를 넣어준다. 유산지를 깐 오븐팬 위에 사방 16cm 정사각 프레임을 놓고 반죽 혼합물을 채워 넣는다. 160℃로 예열한 오븐에서 5분간 굽는다. 프레임 틀을 제거하지 않은 상태로 식힌다.

코코넛 스펀지 BISCUIT MOELLEUX COCO
볼에 달걀, 달걀노른자를 넣고 거품기로 휘저어 섞는다. 설탕 35g, 소금, 아몬드 가루, 코코넛 슈레드를 넣고 섞어준다. 이어서 밀가루와 베이킹파우더를 넣고 섞는다. 녹인 버터를 넣고 잘 저어 섞는다. 다른 볼에 달걀흰자와 설탕 25g을 넣고 거품을 올린 뒤 반죽 혼합물에 넣고 알뜰 주걱으로 살살 섞어준다. 틀 안에서 식힌 코코넛 사블레 위에 부어 펼쳐준 다음 180℃ 오븐에서 10분간 굽는다. 식힌 뒤 틀을 제거한다.

코코넛 레몬그라스 젤 GEL COCO CITRONNELLE
냄비에 코코넛 밀크와 레몬그라스 줄기, 얇게 저민 생강을 넣고 따뜻하게 가열한다. 불에서 내린 뒤 라임 제스트를 넣는다. 랩을 씌워 냉장고에 12시간 동안 넣어둔다. 볼에 설탕, 펙틴, 전분을 넣고 섞는다. 향이 우러난 코코넛 밀크를 체에 거른 뒤 냄비에 넣고 라임즙을 첨가한 뒤 따뜻하게 가열한다. 여기에 펙틴 혼합물을 넣고 계속 저어주며 끓을 때까지 가열한다. 볼에 덜어낸 뒤 랩을 씌우고 냉장고에 넣어 완전히 식힌다.

코코넛 휘드 가나슈 GANACHE MONTÉE COCO
냄비에 생크림 30g과 코코넛 퓌레를 넣고 약하게 끓을 때까지 가열한다. 불에서 내린 뒤 물과 섞어 불려둔 젤라틴을 넣고 잘 섞어 녹인다. 잘게 썬 초콜릿과 카카오 버터가 담긴 볼에 이 코코넛 크림 혼합물을 붓고 잘 섞어 가나슈를 만든다. 나머지 차가운 생크림을 넣어준다. 핸드블렌더로 갈아 혼합한다. 랩을 밀착시켜 덮은 위 냉장고에 최소 6시간 넣어둔다.

화이트 글라사주 GLAÇAGE BLANC
젤라틴을 찬물에 담가 말랑하게 불린다. 냄비에 우유와 생크림을 넣고 따뜻하게 가열한 뒤 펙틴과 섞어둔 설탕을 넣어준다. 끓을 때까지 가열한다. 불에서 내린 뒤 물을 꼭 짠 젤라틴을 넣고 잘 저어 녹인다. 핸드블렌더로 갈아 혼합한다. 다시 50℃까지 가열한 다음 벨벳 스프레이 건 안에 채워 넣는다.

화이트 초콜릿 벨벳 스프레이 APPAREIL À FLOCAGE BLANC
화이트 초콜릿과 카카오 버터를 중탕으로 녹인다. 벨벳 스프레이 건 안에 채워 넣는다.

코코넛 소르베 SORBET COCO
볼에 설탕과 달걀노른자, 안정제를 넣고 거품기로 휘저어 뽀얗게 혼합한다. 냄비에 코코넛 밀크와 생크림을 넣고 45℃까지 가열한다. 이것을 설탕, 달걀 혼합물에 조금 부어 잘 섞어준 뒤 다시 냄비에 옮겨 담고 계속 저어가며 82℃까지 가열한다. 볼에 덜어낸 다음 랩을 밀착시켜 덮고 냉장고에 넣어 12시간 동안 숙성시킨다.

아이스크림 메이커에 넣고 돌려 소르베를 만든다. 소르베를 사방 5cm 정사각형 프레임 틀 16개에 채워 넣은 뒤 냉동실에 약 45분간 넣어 완전히 굳힌다. 코코넛 소르베가 완전히 굳으면 틀을 제거하고 화이트 초콜릿 벨벳 스프레이를 분사해 글라사주를 씌운 뒤 냉동실에 보관한다.

코코넛 샹티이 CHANTILLY COCO
냄비에 코코넛 크림, 생크림 70g, 설탕, 길게 갈라 긁은 바닐라 빈을 넣고 약하게 끓을 때까지 가열한다. 불에서 내린 뒤 물과 섞어 불려둔 젤라틴을 넣고 잘 저어 녹인다. 나머지 차가운 생크림 180g을 넣고 잘 섞는다. 랩을 밀착시켜 덮은 뒤 냉장고에 4시간 동안 넣어둔다. 차가워진 이 크림을 거품기로 휘핑한 다음 사방 5cm 정사각형 틀 안에 채워 넣고 냉동실에 넣어둔다. 1시간 동안 얼린 다음 꺼내서 지름 2cm짜리 원형 커터로 찍어 각각 중앙에 구멍을 뚫어준 다음 다시 냉동실에 넣어준다. 사각형 틀을 제거한 뒤 냉동실에 보관한다.

투명 글라사주 GLAÇAGE NEUTRE
설탕 2테이블스푼과 펙틴을 섞어준다. 냄비에 물, 글루코스, 나머지 분량의 설탕을 넣고 따뜻하게 데운 뒤 펙틴과 섞어둔 설탕을 넣어준다. 계속 가열해 1분간 끓인다. 시트르산 용액을 넣고 다시 한 번 끓인다. 용기에 덜어낸 다음 랩을 밀착시켜 덮어 상온에서 식힌다. 스프레이 건에 넣어 분사하기 전, 글라사주의 25%(부피 기준) 해당하는 양의 물을 섞어준 다음 60℃로 가열해 사용한다.

코코넛 스펀지 시트 조립하기 MONTAGE BISCUIT COCO
코코넛 사블레와 코코넛 스펀지를 겹쳐 놓은 시트를 사방 4cm, 높이 1.5cm 크기의 정사각형 16개로 자른다. 코코넛 가나슈를 거품기로 휘핑한 다음 유산지를 깐 오븐팬 위에 3mm 두께로 얇게 펼쳐 놓는다. 그 위에 사방 4cm, 높이 1.8cm 정사각형 스테인리스 프레임 틀 16개를 놓는다. 냉동실에 20분 정도 넣어 굳힌다. 남은 코코넛 휘드 가나슈를 프레임 틀 내벽 가장자리에 바르고 작은 스패츌러로 매끈하고 균일하게 다듬어준다. 잘라둔 코코넛 시트를 각 프레임 중앙에 사블레 쪽 면이 위로 오도록 놓아준다. 남은 휘드 가나슈로 윗면을 덮고 표면을 균일하게 다듬는다. 냉동실에 약 30분간 넣어 굳힌다. 가나슈가 완전히 얼어야 틀을 제거하기 쉽다. 정사각 프레임을 빼낸 다음 스프레이 건으로 분사해 투명 글라사주를 얇게 입혀준다. 이어서 바로 코코넛 과육 슈레드를 솔솔 뿌린다. 냉장고에 보관한다.

조립하기 MONTAGE
정사각형 코코넛 샹티이를 냉동실에서 꺼낸다. 스프레이 건으로 화이트 글라사주를 분사해 얇게 막을 입힌다. 스프레이 건이 없는 경우엔 정사각형 샹티이에 글라사주를 직접 끼얹어 씌운 뒤 냉장고에 넣어둔다. 접시에 코코넛 과육 슈레드를 조금 뿌린 다음 정사각형 코코넛 시트를 놓고 그 위에 정사각형 코코넛 소르베를 45도 틀어 올린다. 맨 위에 정사각형 코코넛 샹티이를 45도 틀어 올려준다. 코코넛 샹티이 중앙 구멍에 코코넛 레몬그라스 젤을 채워 넣는다.

용과 케이크
GÂTEAU PITAYA

6인분

준비
3시간

조리
10분

냉장
2시간

냉동
3시간

보관
냉장고에서 2일

도구
착즙 주서기
지름 14cm 케이크 링
지름 16cm, 높이
4.5cm 케이크 링
원뿔체
아세테이트 시트
전동 스탠드 믹서
체
조리용 온도계

재료

티 크레뫼
백차 잎 10g
액상 생크림(유지방
35%) 110g
달걀노른자 30g
달걀 50g
설탕 30g
판 젤라틴 2g
버터 45g

티 젤리
물 125g
백차 잎 2g
꿀 5g
판 젤라틴 4g
붉은색 용과 1개
흰색 용과 1개

비스퀴 조콩드
슈거파우더 50g
아몬드 가루 50g
달걀 120g
달걀흰자 55g
설탕 10g
착즙하고 남은 용과
씨와 과육 20g
녹인 버터 20g
밀가루 28g

스위스 머랭
달걀흰자 50g
설탕 100g

용과 무스
용과즙 165g
판 젤라틴 5g
스위스 머랭 40g
액상 생크림(유지방
35%) 130g

완성 재료
용과 1개

티 크레뫼 CRÉMEUX AU THÉ

판 젤라틴을 찬물에 담가 말랑하게 불린다. 냄비에 생크림을 넣고 뜨겁게 가열한다. 불에서 내린 뒤 찻잎을 넣고 10분간 향을 우려낸다. 체에 걸러 찻잎을 제거한다. 무게를 잰 다음 부족하면 생크림을 조금 더 첨가해 110g을 만든다. 크렘 앙글레즈를 만든다. 우선 볼에 달걀노른자, 달걀, 설탕을 넣고 거품기로 뽀얗게 휘저어 섞은 뒤 찻잎을 우려낸 뜨거운 생크림을 조금 붓고 잘 저어 섞는다. 이것을 다시 냄비로 옮겨 담고 주걱으로 잘 저으며 82℃까지 가열한다. 주걱을 들어올렸을 때 묽게 흘러내리지 않고 묻어 있는 농도가 되면 적당하다. 불에서 내린 뒤 물을 꼭 짠 젤라틴을 넣고 잘 섞어 녹인다. 온도가 40℃까지 떨어지면 버터를 넣고 핸드 블렌더로 갈아 혼합한다. 지름 14cm 링 안에 크림 혼합물 150g을 채워 넣은 뒤 냉동실에 3시간 동안 넣어둔다.

티 젤리 GELÉE DE THÉ

젤라틴을 찬물에 담가 말랑하게 불린다. 물을 85℃까지 끓인 뒤 불에서 내린다. 찻잎을 넣고 6분간 향을 우린다. 찻잎을 체로 걸러내고 다시 냄비에 붓는다. 꿀을 넣고 다시 가열한 뒤 물을 꼭 짠 젤라틴을 넣어 녹인다. 20℃까지 식힌 뒤 사용한다. 지름 16cm 케이크 링 내벽에 아세테이트 시트를 4.5cm 높이로 둘러준 다음 냉동실에 보관한다. 용과의 껍질을 벗긴 뒤 1cm 두께로 슬라이스한다. 불규칙한 삼각형 또는 사각형 모양으로 자른다. 링 안에 젤리를 아주 얇게 흘려 넣어 한 켜 깔아준다. 젤리가 굳은 뒤 잘라 둔 용과를 보기 좋게 배치한다. 빈 공간은 젤리를 넣어 채워준다. 이 용과와 젤리층의 두께는 1cm를 넘지 않도록 한다. 조립할 때까지 냉장고에 넣어 굳힌다. 남은 용과는 주서에 착즙한다. 무스용으로 용과즙 165g을 착즙해 준비한다. 착즙하고 남은 씨와 과육 20g은 조콩드 스펀지용으로 따로 덜어둔다.

비스퀴 조콩드 BISCUIT JOCONDE

전동 스탠드 믹서 볼에 슈거파우더, 아몬드 가루, 달걀을 넣고 거품기로 돌린다. 주걱으로 들어올렸을 때 띠 모양으로 흘러내리는 농도가 되면 적당하다. 다른 볼에 달걀흰자를 넣고 설탕을 넣어가며 거품을 올린다. 두 혼합물을 주걱으로 살살 섞어준다. 착즙하고 남은 용과 씨와 과육, 녹인 버터, 체에 친 밀가루를 넣고 잘 섞어준다. 유산지를 깐 오븐팬 위에 반죽 혼합물을 붓고 얇게 펼쳐놓는다. 180℃로 예열한 오븐에서 8~10분간 굽는다.

스위스 머랭 MERINGUE SUISSE

믹싱볼에 달걀흰자와 설탕을 넣고 중탕으로 가열한다. 달걀흰자가 익지 않도록 거품기로 세게 계속 저으며 45~50℃까지 가열한다. 중탕 냄비에서 내린 뒤 믹싱볼을 전동 스탠드 믹서에 장착하고 계속해서 빠른 속도로 거품기를 돌려 쫀쫀한 머랭을 완성한다.

용과 무스 MOUSSE PITAYA

젤라틴을 찬물에 담가 말랑하게 불린다. 용과즙 50g을 뜨겁게 가열한 뒤 물을 꼭 짠 젤라틴을 넣고 잘 저어 녹인다. 여기에 나머지 용과즙을 넣어준다. 스위스 머랭을 넣고 살살 섞은 다음 20℃까지 식힌다. 생크림을 단단하게 휘핑한 뒤 혼합물에 넣고 주걱으로 살살 섞어준다. 냉장고에 넣어둔다.

조립하기 MONTAGE

비스퀴 조콩드를 지름 14cm 원반형으로 한 장, 폭 3.5cm에 길이는 케이크 틀 둘레에 맞춘 긴 띠 모양으로 한 장 잘라낸다. 티 젤리 층이 굳은 케이크 링 내벽에 조콩드 스펀지 띠를 둘러준다. 용과 무스를 깔아준 다음 그 위에 티 크레뫼를 넣어준다. 다시 용과 무스를 한 켜 덮어준 다음 깍둑 썬 생용과 100g을 케이크 링 높이까지 채워 넣는다. 그 위에 지름 14cm 원형으로 자른 비스퀴 조콩드를 얹어 덮어준다. 냉장고에 2시간 동안 넣어 굳힌다. 케이크를 뒤집은 다음 링을 제거한다.

셰프의 조언

· 이 케이크에 콜럼비안 안데스 화이트 티를 곁들이면 잘 어울린다.

· 스위스 머랭을 소량으로 만들기는 쉽지 않다. 따라서 넉넉한 양으로 만든 뒤 남은 머랭은 짤주머니로 작게 짜서 70℃ 오븐에 2시간 동안 굽는다. 이 머랭과자를 커피에 곁들여 먹으면 좋다.

백년초 초콜릿 봉봉
BONBONS CHOCOLAT FIGUE DE BARBARIE

56개분

준비
1시간 30분

굳히는 시간
20분

휴지
20분

보관
밀폐용기에 넣어 1주일

도구
착즙 주서기
깔대기형 피스톤
디스펜서
아세테이트 시트
지름 3cm 반구형
초콜릿 틀(판형)
L자 스패출러
주방용 붓
짤주머니
삼각 스크래퍼
조리용 온도계

재료

초콜릿 셸
다크 초콜릿(카카오
66%) 500g
녹색 카카오 버터 50g

백년초 필링
백년초 300g
설탕 175g
테킬라 100g

초콜릿 셸 COQUES EN CHOCOLAT

녹색 카카오 버터를 30°C까지 약불로 가열해 녹인다. 반구형 초콜릿 틀 안쪽에 카카오 버터를 붓으로 발라 무늬를 내준다. 잠시 그대로 굳힌다. 초콜릿을 템퍼링한다(p.140 참조). 우선 내열 볼에 다크 초콜릿을 넣고 중탕 냄비 위에 올려 50°C까지 가열해 녹인다 중탕 냄비에서 내린 뒤 볼을 얼음물이 담긴 그릇에 담그고 잘 저어 섞으며 식힌다. 온도가 28~29°C까지 떨어지면 다시 중탕 냄비 위에 올려 31~32°C까지 가열한다. 템퍼링한 초콜릿을 짤주머니에 넣은 뒤 반구형 틀에 채워 넣는다. 틀을 뒤집어 여분의 초콜릿이 흘러나오도록 한다. 스패출러로 틀 표면을 깔끔하게 밀어 정리한다. 틀을 다시 뒤집어 바로 놓은 뒤 상온에 최소 20분 이상 두어 굳힌다.

백년초 필링 INTÉRIEUR FIGUE DE BARBARIE

백년초의 껍질을 벗긴 뒤 주서에 넣고 착즙한다. 냄비에 백년초즙 80g과 설탕을 넣고 끓인다. 130°C에 이르면 불에서 내린 뒤 테킬라를 넣고 이어서 백년초즙 20g을 넣어 더 이상 끓는 것을 중단시킨다. 뜨거운 백년초 시럽을 두 개의 볼을 이용해 조심스럽게 번갈아 옮겨 부어가며 식힌다. 온도가 20°C 정도로 떨어지면 깔대기형 피스톤 디스펜서에 넣고 반구형 초콜릿 틀 안에 각각 ⅔씩 채워 넣는다.

조립하기 MONTAGE

템퍼링한 초콜릿을 아세테이트 시트 위에 L자 스패출러로 얇게 펴 바른다. 이 시트를 뒤집어 초콜릿 틀 위에 얹어준다. 삼각 스크래퍼로 아세테이트 시트를 밀어 여분의 초콜릿을 정리한다. 20분 정도 굳힌 뒤 시트지를 조심스럽게 떼어낸다. 틀을 뒤집어 완성된 초콜릿 봉봉을 꺼낸다.

티 포치드 타마릴로와 말차 크림

TAMARILLO POCHÉ AU THÉ ET CRÈME MATCHA

4인분

준비
15분

조리
30분

냉장
최소 3시간

보관
냉장고에서 2일

도구
원뿔체
고운 체망
핸드블렌더

재료

포칭용 시럽
물 1리터
설탕 200g
유기농 생강 20g
카피르 라임 잎 12g
바닐라 빈 2줄기
팔각 1개
홍차(블랙티) 티백 4개
타마릴로 4개

말차 휩드 크림
판 젤라틴 1.25g
액상 생크림(유지방 35%) 60g + 60g
설탕 12g
말차 가루 1.6g
마스카르포네 28g

데커레이션
말차 가루

포칭용 시럽 SIROP DE POCHAGE
티백과 타마릴로를 제외한 모든 재료를 냄비에 넣고 가열해 설탕을 녹인다. 시럽이 끓으면 불에서 내린 뒤 티백을 넣고 5분간 우려낸다. 시럽을 체에 거른 뒤 다시 냄비에 넣고 약불에 올린다. 타마릴로를 씻어 바닥에 십자로 칼집을 낸 뒤 시럽에 넣어준다. 약불로 12~15분 정도 포칭한다. 불에서 내린 뒤 타마릴로를 건져내고 조심스럽게 껍질을 벗긴다. 꼭지 부분은 그대로 남겨둔다. 남은 시럽은 고운 체망으로 걸러낸다. 타마릴로와 시럽을 각각 따로 냉장고에 보관한다.

말차 휩드 크림 CRÈME MONTÉE AU MATCHA
젤라틴을 찬물에 담가 말랑하게 불린다. 냄비에 생크림 60g과 설탕, 말차 가루를 넣고 끓을 때까지 가열한다. 불에서 내린 뒤 물을 꼭 짠 젤라틴을 넣고 잘 저어 녹인다. 이 크림을 마스카르포네에 붓고 핸드블렌더로 갈아 혼합한다. 나머지 차가운 생크림을 추가한 다음 다시 한 번 핸드블렌더로 갈아준다. 냉장고에 최소 3시간 동안 넣어둔다. 말차 크림을 거품기로 부드럽게 휘핑한다.

조립하기 MONTAGE
서빙 접시 바닥에 휘핑한 말차 크림을 조금 담는다. 작은 체망을 이용해 접시 반쪽 면 위에 말차 가루를 솔솔 뿌려준다. 타마릴로를 통째로 한 개씩 놓는다. 포칭하고 남은 시럽을 타마릴로 위에 끼얹어준다.

망고스틴, 스리랑카 허니문
MANGOUSTAN, LUNE DE MIEL AU SRI LANKA

6인분

준비
1시간 30분

조리
1시간

냉장
12시간

숙성
12시간

보관
냉장고에서 2일

도구
사방 10cm 사각형
프레임 틀
원뿔체
지름 3cm 원형
쿠키 커터
거품기
핸드블렌더
지름 2cm 미니
사바랭 틀
짤주머니
은행잎(또는 다른 문양)
모양 스텐실 패드
전동 스탠드 믹서
L자 스패출러
실리콘 패드
조리용 온도계
아이스크림 메이커

재료

망고스틴 소르베
판 젤라틴 23g
설탕 175g
물 230g
레몬즙 25g
망고스틴즙 300g

코코넛 소르베
코코넛 밀크 125g
전화당 20g
설탕 20g
포도당 가루(dextrose)
4g
안정제(super
neutrose) 2g
코코넛 퓌레 250g

시럽에 재운 망고스틴
물 150g
설탕 130g
바닐라 빈 1줄기
생망고스틴 400g

블랙 티 젤리
판 젤라틴 7g
뜨거운 물(약 80℃)
100g
블랙 티 10g
한천 분말(agar agar)
1.5g
설탕 4g

망고스틴 젤리
망고스틴즙 205g
설탕 175g
옐로 펙틴 3.5g
글루코스 시럽 25g
레몬즙 4g

**블랙 티 메이스
파트 사블레**
버터 30g
슈거파우더 20g
소금 1g
달걀 10g
아몬드 가루 10g
밀가루 50g
메이스(넛멕 속껍질)
가루 5g
스리랑카 블랙 티
1티스푼

바닐라 크레뫼
액상 생크림(유지방
35%) 375g
바닐라 빈 ½줄기
스리랑크 블랙 티 20g
판 젤라틴 42g
달걀노른자 90g
설탕 75g

**캐슈너트 프랄리네
페이스트**
캐슈너트 165g
설탕 113g

바닐라 파우더
말린 바닐라 빈 2줄기

완성 재료
캐슈너트
미니 레드소렐 잎
넛멕 꽃잎

망고스틴 소르베 SORBET AU MANGOUSTAN

젤라틴을 찬물에 담가 말랑하게 불린다. 냄비에 물과 설탕을 넣고 끓인다. 불에서 내린 뒤 레몬즙을 넣어준다. 물을 꼭 짠 젤라틴을 넣고 잘 저어 녹인다. 냉장고에 넣어 식힌다. 시럽이 차갑게 식으면 망고스틴즙을 넣고 핸드브렌더로 갈아 매끈하게 혼합한다. 용기에 담고 뚜껑을 덮어 냉장고에서 12시간 동안 숙성시킨다. 아이스크림 메이커에 돌려 소르베를 만든다.

코코넛 소르베 SORBET À LA NOIX DE COCO

냄비에 코코넛 밀크와 전화당을 넣고 40℃까지 가열한다. 미리 섞어둔 설탕, 포도당, 안정제를 넣고 잘 섞는다. 끓을 때까지 가열한 다음 코코넛 퓌레를 넣고 섞어준다. 냉장고에 넣어 12시간 동안 휴지시킨다. 아이스크림 메이커에 돌려 소르베를 만든다.

시럽에 재운 망고스틴 MANGOUSTANS MARINÉS

냄비에 물, 설탕, 바닐라를 넣고 가열해 시럽을 만든다. 냉장고에 넣어 식힌다. 망고스틴 껍질을 열고 속살을 조심스럽게 빼낸다. 망고스틴 속살을 직접 시럽에 넣고 뚜껑을 덮은 뒤 냉장고에 약 12시간 동안 넣어둔다.

블랙 티 젤리 GELÉE DE THÉ

젤라틴을 찬물에 담가 말랑하게 불린다. 뜨거운 물에 찻잎을 넣고 10분간 우려낸다. 체에 거른 뒤 뜨겁게 가열한다. 한천 분말을 섞은 설탕을 넣어준다. 끓기 시작하면 불에서 내린 뒤 물을 꼭 짠 젤라틴을 넣고 잘 저어 녹인다. 혼합물을 사방 10cm 정사각 프레임 안에 부어준다. 냉장고에 넣어 최소 3시간 이상 굳힌다. 굳은 젤리의 틀을 제거한 다음 사방 1cm 큐브 모양으로 자른다.

망고스틴 젤리 PÂTE DE FRUITS FONDANTE AU MANGOUSTAN

냄비에 망고스틴즙, 설탕 분량의 반, 펙틴과 미리 섞어둔 나머지 분량의 설탕을 넣고 가열하며 녹인다. 끓기 시작하면 글루코스 시럽을 넣고 105.5℃까지 끓인다. 불에서 내린 뒤 레몬즙을 넣어준다. 미니 사바랭 틀 안에 흘려 넣어 채운다. 냉장고에 30분 정도 넣어 굳힌다.

블랙 티 메이스 파트 사블레 PÂTE SABLÉE AU MACIS ET AU THÉ

버터와 설탕을 부슬부슬한 질감이 되도록 섞어준다. 반죽이 어느 정도 균일하게 섞이면 소금과 달걀을 넣고 섞는다. 아몬드 가루, 밀가루, 메이스 가루를 넣고 섞어준다. 반죽을 둥글게 뭉친 뒤 납작하게 살짝 눌러준다. 랩으로 싸서 냉장고에 30분간 넣어 휴지시킨다. 반죽을 1.5cm로 민 다음 지름 3cm 원형 커터로 찍어내 작은 원반형 18개를 만든다. 찻잎 가루를 솔솔 뿌려준다. 타공 실리콘 패드를 깐 오븐팬 위에 원형 반죽 시트들을 놓고 다시 타공 실리콘 패드를 한 장 덮어준다. 170℃로 예열한 오븐에서 7분간 굽는다.

바닐라 크레뫼 CRÉMEUX THÉ VANILLE

냄비에 생크림과 길게 갈라 긁은 바닐라 빈 가루, 블랙 티를 넣고 뜨겁게 가열한다. 불에서 내린 뒤 뚜껑을 덮고 15분간 향을 우려낸다. 체에 거른 뒤 다시 불에 올려 가열한다. 젤라틴을 찬물에 담가 말랑하게 불린다. 볼에 달걀노른자와 설탕을 넣고 거품기로 뽀얗게 휘저어 섞는다. 생크림이 끓기 시작하면 달걀, 설탕 혼합물에 조금 붓고 거품기로 잘 섞어준다. 이것을 다시 냄비에 옮겨 부은 뒤 잘 저어가며 85℃까지 계속 가열한다. 불에서 내린 뒤 물을 꼭 짠 젤라틴을 넣고 잘 저어 녹인다. 용기에 덜어낸 다음 랩을 밀착시켜 덮어 플레이팅할 때까지 냉장고에 최소 1시간 이상 넣어둔다.

캐슈너트 프랄리네 페이스트 PRALINÉ NOIX DE CAJOU

유산지를 깐 오븐팬 위에 캐슈너트를 한 켜로 펼쳐 놓은 뒤 140℃ 오븐에서 30분간 로스팅한다. 냄비에 설탕을 넣고 가열해 캐러멜을 만든다. 로스팅한 캐슈너트 위에 캐러멜을 붓고 완전히 식힌다. 작게 부순 다음 푸드 프로세서에 넣고 균일한 질감의 페이스트가 되도록 갈아준다(p.117 참조). 짤주머니에 채워 넣는다.

바닐라 파우더 POUDRE DE VANILLE

말린 바닐라 빈 2줄기를 푸드 프로세서로 갈아 가루로 만든다.

플레이팅 DRESSAGE

은행나무 잎 모양의 스탠실 패드를 접시 한쪽에 놓고 바닐라 가루를 모양대로 뿌린다. 접시 위에 모든 재료를 보기 좋게 고루 배치해 담는다. 망고스틴 소르베를 크넬 모양으로 떠서 한 스쿱 놓는다. 코코넛 소르베는 작은 사이즈의 크넬 모양으로 떠서 두 개씩 놓는다.

미니 구아바 롤케이크
PETITS GÂTEAUX ROULÉS À LA GOYAVE

6인분

준비
1시간

조리
16분

향 우리기
10분

냉장
1시간

냉동
1시간

굳히기
15분

숙성
12시간

보관
냉장고에서 2일

도구
원뿔체
지름 5cm 원형 쿠키
커터
아세테이트 시트
거품기
알뜰 주걱
핸드블렌더
지름 3.5cm, 높이
1.75cm 반구형 틀
지름 5.4cm, 높이
4.1cm 물방울형
실리콘 틀
짤주머니
전동 스탠드 믹서
L자 스패츌러
실리콘 패드
조리용 온도계
아이스크림 메이커

재료

구아바 인서트
생구아바 100g
설탕 30g
구아바 퓌레 100g
펙틴 NH 2g

**티 인퓨즈드 구아바
바바루아즈**
구아바 퓌레 225g
설탕 15g
젤라틴 가루 5g
물 30g
블랙티 50g
액상 생크림(유지방
35%) 157g
달걀흰자(상온) 45g
글루코스 시럽 45g
전화당 22g

비스퀴 조콩드
슈거파우더 135g
아몬드 가루 135g
달걀 180g
밀가루 36g
달걀흰자 120g
설탕 18g
녹인 버터 27g

망고 콩피
생망고(씨 제거) 100g
망고 퓌레 100g
설탕 25g
펙틴 NH 2g

구아바 글라사주
구아바 퓌레 500g
설탕 60g
펙틴(325 NH 95) 10g
글루코스 100g
식용 금박 2장

핑크 코팅
카카오 버터 200g
화이트 초콜릿 200g
식용 색소(빨강) 분말
칼끝으로 아주 조금

**구운 헤이즐넛
파트 쉬크레**
버터 45g

밀가루(T55) 70g
슈거파우더 15g
설탕 15g
구운 헤이즐넛 가루
15g
달걀 12g

초콜릿 디스크
화이트 초콜릿(ivoire)
100g

데커레이션
볶은 메밀 1티스푼

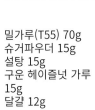

구아바 인서트 INSERT GOYAVE

구아바를 씻어서 껍질을 벗긴 뒤 과육을 작게 썬다. 내열 볼에 구아바와 설탕 5g을 넣고 랩을 씌운 뒤 중탕 냄비 위에 올린다. 약불로 1시간 동안 중탕으로 가열한다. 체에 걸러 내린다. 체에 남은 건더기에 구아바 퓌레와 설탕 15g을 넣어 섞은 뒤 다시 가열한다. 펙틴과 미리 섞어둔 나머지 설탕을 첨가한다. 끓을 때까지 가열한다. 혼합물을 반구형 틀 안에 넣어 채운 뒤 냉동실에 최소 1시간 동안 넣어둔다.

티 인퓨즈드 구아바 바바루아즈

BAVAROISE À LA GOYAVE INFUSÉE AU THÉ

냄비에 구아바 퓌레와 설탕을 넣고 약하게 끓을 때까지 가열한다. 불에서 내린 뒤 물에 적셔 불린 젤라틴을 넣고 잘 저어 섞는다. 냉장고에 넣어둔다. 차가운 생크림에 블랙티를 넣고 10분간 향을 우려낸다. 체에 거른 뒤 향이 우러난 생크림을 거품기로 부드럽게 휘핑한다. 전동 스탠드 믹서 볼에 달걀흰자를 넣고 거품기를 돌려 휘핑한다. 냄비에 글루코스 시럽과 전화당을 넣고 120℃까지 끓인 다음 거품을 올리고 있는 달걀흰자에 천천히 흘려 넣어준다. 계속 거품기를 돌려 단단한 머랭을 만든다. 온도가 40℃까지 떨어지면 머랭을 구아바 혼합물에 넣고 살살 섞어준다. 휘핑한 블랙티 향 생크림을 넣고 살살 섞어 바바루아즈를 만든다. 이 세 가지를 섞을 때 온도는 거의 동일해야 한다. 완성된 바바루아즈 크림을 짤주머니에 채운다. 물방울 모양 틀에 바바루아즈 크림을 조금 채워 넣어준다. 물방울 모양 끝에 공기가 남아 있지 않도록 틀을 탁탁 쳐준다. 반구형으로 굳힌 구아바 인서트를 평평한 면이 위로 오도록 물방울 틀 안에 넣어준다. 바바루아즈 크림으로 덮어준 다음 L자 스패출러로 매끈하게 밀어준다. 냉동실에 최소 1시간 동안 넣어 굳힌다.

비스퀴 조콩드 BISCUIT JOCONDE

전동 스탠드 믹서 볼에 동량의 슈거파우더와 아몬드 가루, 달걀, 밀가루를 넣고 플랫비터를 돌려 섞는다. 다른 볼에 달걀흰자를 넣고 설탕을 넣어가며 거품을 올린다. 거품낸 달걀흰자를 첫 번째 혼합물에 넣고 알뜰 주걱으로 살살 섞어준다. 버터를 넣고 섞어준다. 유산지를 깐 오븐팬 위에 5mm 두께로 얇고 균일하게 펼쳐놓는다. 210℃ 오븐에서 10분간 굽는다.

망고 콩피 CONFIT DE MANGUE

망고의 껍질을 벗긴 뒤 2mm 크기로 잘게 깍둑 썬다. 냄비에 잘게 썬 망고와 망고 퓌레, 설탕 15g을 넣고 가열한다. 펙틴과 섞어둔 나머지 설탕 10g을 넣고 잘 섞으며 끓을 때까지 가열한다. 용기에 덜어낸 뒤 조립할 때까지 냉장고에 보관한다.

구아바 글라사주 GLAÇAGE GOYAVE

냄비에 구아바 퓌레, 설탕, 펙틴, 글루코스를 넣고 뜨겁게 가열한다. 불에서 내린 뒤 식용 금박을 넣고 핸드블렌더로 기포가 일지 않도록 주의하며 가볍게 갈아준다. 글라사주는 35℃까지 식힌 뒤 사용한다. 물방울 모양 바바루아즈를 틀에서 떼어낸 뒤 망이 있는 바트 위에 올려놓고 구아바 글라사주를 끼얹어 입힌다.

핑크 코팅 TREMPAGE ROSE

카카오 버터와 화이트 초콜릿을 중탕으로 녹인다. 식용 색소를 소량 첨가한 다음 잘 섞어준다. 30℃까지 식힌 뒤 사용한다.

구운 헤이즐넛 파트 쉬크레 PÂTE SUCRÉE NOISETTE TORRÉFIÉE

버터와 밀가루, 슈거파우더, 설탕, 구운 뒤 식힌 헤이즐넛 가루를 손으로 비비듯 섞어 부슬부슬하고 굵직한 크럼블처럼 만든다. 달걀을 넣어 섞은 다음 반죽을 작업대 위에 대고 손바닥으로 끓어 누르듯이 밀어준다(fraisage). 반죽을 둥글게 뭉쳐 살짝 납작하게 누른 뒤 랩으로 싸서 냉장고에 20분 정도 넣어 휴지시킨다. 반죽을 2mm 두께로 민 다음 원형 커터를 이용해 지름 5cm 원반형 6장을 잘라낸다. 실리콘 패드를 깐 오븐팬 위에 원형 반죽 시트를 놓고 다시 실리콘 패드를 한 장 덮은 다음 170℃ 오븐에서 6분간 굽는다.

초콜릿 디스크 DISQUE CHOCOLAT

화이트 초콜릿을 템퍼링한다 (p.131 참조). 템퍼링한 초콜릿을 두 장의 아세테이트 시트 사이에 넣고 얇게 편다. 약 5분간 그대로 두어 어느 정도 굳으면 윗면의 아세테이트 시트를 조심스럽게 떼어낸다. 원형 커터를 이용해 지름 5cm 원형으로 6장을 잘라낸다.

조립하기 MONTAGE

비스퀴 조콩드 시트 위에 망고 콩피를 펴 바른 다음 단단하게 말아준다. 롤케이크를 3cm 두께로 자른 뒤 핑크 코팅액에 0.5cm만 남기고 담가 코팅해준다. 구운 메밀 알갱이를 몇 개씩 붙여준다. 헤이즐넛 파트 쉬크레 시트 위에 평평하게 올린다. 그 위에 화이트 초콜릿 디스크를 얹어준다. 물방울 모양 구아바 바바루아즈를 틀에서 빼낸 다음 구아바 글라사주에 담가 코팅한다. 화이트 초콜릿 디스크 위에 조심스럽게 얹어준다.

람부탄 모찌
MOCHI AU RAMBOUTAN

6개분

준비
1시간 30분

조리
30분

냉장
12시간

보관
냉동실에서 3개월

도구
가위
아이스크림 스쿱
찜기
핸드블렌더
베이킹용 밀대
아이스크림 메이커

재료

람부탄 소르베
판 젤라틴 2g
설탕 87g
물 140g
람부탄 퓌레 162g
람부탄 25g

모찌 떡 반죽
찹쌀가루 55g
옥수수 전분 16g
슈거파우더 18g
우유(전유) 90g
버터 15g

완성 재료
구운 찹쌀가루 100g
건조 라즈베리 분말
(선택사항) 1티스푼

람부탄 소르베 SORBET AU RAMBOUTAN

젤라틴을 찬물에 담가 말랑하게 불린다. 냄비에 설탕과 물을 넣고 가열해 시럽을 만든다. 물을 꼭 짠 젤라틴을 뜨거운 시럽에 넣고 잘 저어 녹인다. 람부탄의 껍질을 벗기고 씨를 제거한 뒤 과육만 162g을 계량해 준비한다. 시럽을 람부탄 과육에 붓고 핸드블렌더로 갈아 퓌레를 만든다. 냉장고에 넣어 12시간 동안 휴지시킨다. 다시 한 번 핸드블렌더로 갈아준 뒤 아이스크림 메이커에 넣고 돌려 소르베를 만든다. 람부탄 과육 25g을 준비해 사방 1cm 크기의 작은 큐브 모양으로 잘라준다. 이것을 소르베에 넣고 고루 섞는다.

모찌 떡 반죽 PÂTE À MOCHI

볼에 찹쌀가루, 옥수수 전분, 슈거파우더, 우유를 넣고 고루 섞어 반죽한다. 반죽을 둥글게 뭉친 뒤 30분간 찜기에 찐다. 쪄낸 떡이 아직 뜨거울 때 버터를 넣고 섞어준다. 젖은 면포로 덮어두고 마르지 않도록 바로 사용한다.

조립하기 MONTAGE

람부탄 소르베를 아이스크림 스쿱으로 떠서 동그란 덩어리 6개를 만든다. 단단하게 얼도록 냉동실에 넣어둔다. 유산지를 깐 오븐팬에 찹쌀가루를 펼쳐 놓은 뒤 160℃ 오븐에서 10분간 굽는다. 떡 반죽을 각 25g씩 6개로 분할한다. 작업대에 구운 찹쌀가루를 뿌린 다음 모찌 반죽을 밀대로 밀어 지름 10cm 정도의 원형으로 만든다. 얼린 소르베를 떡 반죽으로 덮어 잘 감싸준 뒤 밑에서 잘 모아 집어준다. 남은 여유분은 가위로 매끈하게 잘라준다. 건조 라즈베리 가루를 솔솔 뿌린다.

셰프의 조언

이 레시피는 모든 종류의 소르베와 아이스크림을 사용해 만들 수 있다. 아이스크림이 너무 빨리 녹는 것을 방지하려면 모찌를 빚기 전에 미리 스쿱으로 떠서 아주 단단하게 얼려두는 것이 중요하다.

금땅꽈리 살사 베르데와 방어 그라블락스
SALSA VERDE AUX PHYSALIS, GRAVLAX DE YELLOWTAIL

4인분

준비
1시간 30분

조리
45분

냉장
3시간 30분

보관
조립할 때까지 24시간

도구
주방용 토치
고운 원뿔체
고운 면포
거즈 천
블렌더
주방용 붓
스포이트
짤주머니

재료

금땅꽈리 살사 베르데
금땅꽈리 150g
유칼립투스 꿀 5g
현미 식초 20g
흰 양파 40g
고수 1티스푼
쪽파 1티스푼
타바스코 1방울
고운 소금

비네그레트 소스
흰 양파 45g
올리브오일 15g
금땅꽈리 150g
마늘 2.5g
현미 식초 8g
유칼립투스 꿀 4g
소금, 후추

방어 그라블락스
굵은 소금 300g
설탕 150g
라임 제스트 1개분
손질한 방어 필레 220g
미림 20g
간장 5g

스파이스드 오이즙
오이 250g
샬롯 30g
설탕 50g
현미 식초 125g
딜 ¼단
처빌 ¼단
고수 씨 1테이블스푼
머스터드 씨
1테이블스푼
흰 통후추 1티스푼
정향 1개
월계수 잎 1장
타임 1줄기
피시 소스(느억맘) 15g
참기름 1티스푼
딜 오일 1티스푼
라임즙, 라임 제스트
쓰는 대로
잔탄검 칼끝으로 아주
조금(선택사항)

시소 와사비 펄
포도씨유 200g
판 젤라틴 1g
코코넛 밀크 40g
유자즙 5g
청주 10g
녹색 시소 잎 5g
물 5g
설탕 3g
잔탄검 0.02g
와사비 5g
한천 분말(agar agar)
0.5g

플레이팅
미니 크레스 잎
(kikuna, persinette,
vene cress)

금땅꽈리 살사 베르데 SALSA VERDE DE PHYSALIS

금땅꽈리의 꽃받침을 벗겨낸 뒤 반으로 자른다. 냄비에 꿀과 식초를 넣고 가열한다. 잘게 썬 양파를 넣고 이어서 잘라둔 꽈리를 넣어준다. 냄비 지름에 맞춰 유산지를 자르고 중앙에 작은 구멍을 낸 다음 재료에 밀착되도록 덮어준다. 콩포트 상태가 되도록 뭉근히 익힌다. 고수를 잘게 썰고 쪽파도 얇게 썰어둔다. 꽈리 콩포트에 간을 맞춘 뒤 냉장고에 넣어둔다.

비네그레트 소스 VINAIGRETTE ACIDULÉE

양파를 잘게 썬 뒤 올리브오일에 볶는다. 반으로 잘라 둔 금땅꽈리와 짓이긴 마늘을 넣고 뚜껑을 덮은 뒤 약불에서 10분간 익힌다. 블렌더에 간 다음 식초와 꿀을 넣고 섞는다. 소금, 후추로 간을 한 다음 고운 체에 한 번 거른다. 냉장고에 넣어둔다.

방어 그라블락스 YELLOWTAIL GRAVLAX

소금, 설탕, 라임 제스트를 섞은 뒤 반으로 나눠둔다. 유산지를 깐 오븐팬 위에 소금, 설탕, 라임 제스트 혼합물의 반을 깔아준 다음 생선 필레를 놓고 나머지 반으로 덮어준다. 냉장고에 넣어 2시간 동안 재워둔다. 생선을 흐르는 물에 재빨리 헹군 뒤 종이타월로 물기를 닦아준다. 미림과 간장을 섞은 뒤 붓으로 생선에 발라준다.

스파이스드 오이즙 JUS DE CONCOMBRE ÉPICÉ

오이를 껍질째 블렌더에 넣고 갈아준 다음 면포에 걸러준다. 꾹꾹 눌러 최대한 즙을 짜낸다. 즙을 짜낸 오이 건더기는 짤주머니에 넣어 냉장고에 보관한다. 샬롯의 껍질을 벗긴 뒤 잘게 썬다. 팬에 샬롯과 설탕, 식초를 넣고 5분간 익힌다. 잘게 썬 처빌과 딜을 넣은 뒤 뚜껑을 덮어준다. 기름을 두르지 않은 다른 팬에 고수 씨, 머스터드 씨, 통후추, 정향을 넣고 향이 날 때까지 로스팅한다. 여기에 익힌 샬롯 혼합물과 월계수 잎, 타임을 넣은 뒤 불에서 내린다. 뚜껑을 덮고 1시간 정도 향이 스며들게 한다. 여기에 오이즙을 넣고 잘 저어 섞은 다음 고운 거즈 천에 걸러준다. 피시 소스, 라임즙, 라임 제스트를 넣고 잘 섞는다. 잔탄검을 넣어 소스에 농도를 더한다. 참기름과 딜 오일을 넣고 가볍게 저어준다(너무 휘저어 유화하지 않는다). 냉장고에 보관한다.

시소 와사비 펄 BILLES DE SHISO WASABI

하루 전, 좁고 깊은 용기에 올리브오일을 부어 냉장고에 넣어둔다. 젤라틴을 찬물에 넣어 불린다. 블렌더에 코코넛 밀크, 유자즙, 청주, 와사비를 넣고 갈아준다. 씻어서 굵직하게 썬 시소 잎을 넣고 다시 한 번 갈아준다. 냄비에 물, 설탕, 한천 분말, 잔탄검을 넣고 끓인다. 냄비를 불에서 내린 뒤 물에 꼭 짠 젤라틴을 넣어준다. 블렌더에 혼합물을 넣고 모두 함께 다시 한 번 갈아준다. 고운 체에 거른 뒤 스포이트에 채워 넣는다. 상온으로 식힌다. 냉장고에 넣어둔 차가운 올리브오일에 한 방울씩 짜 떨어트린다. 방울방울 굳은 펄을 건져 흐르는 물에 살짝 헹군다. 알갱이가 최대한 서로 붙지 않게 주의하며 오븐팬에 펼쳐 놓은 뒤 냉동실에 넣어 얼린다.

플레이팅 DRESSAGE

미림과 간장을 섞은 양념을 방어 필레에 다시 한 번 붓으로 윤기 나게 발라준다. 토치로 생선을 그슬려준 다음 1.5cm 두께로 썬다. 우묵한 접시에 살사 베르데 소스를 깔고 생선을 얹어 놓는다. 비네그레트 소스를 방울방울 뿌려준 다음 짤주머니에 넣어둔 오이 과육을 생선 주위에 빙 둘러 짜준다. 오이즙을 뿌리고 시소 와사비 펄을 고루 뿌려준다. 고수, 쪽파, 미니 크레스 잎들을 얹어 장식한 뒤 바로 서빙한다.

포칭한 굴과 석류 비에르주 소스

FINES DE CLAIRE JUSTE POCHÉES, VIERGE DE GRENADE

5인분

준비
30분

조리
2분

휴지
2시간

보관
냉장고에서 12시간

도구
조리용 온도계

재료
석화굴(fines de claire) 5마리
쪽파 10g
올리브오일
미니 크레스 잎
(persinette cress, vene cress)

석류 비에르주 소스
사과(Granny Smith 품종) 35g
머스캣 포도 100g
석류 1개
구기자 10g
라임즙 20g
석류즙 65g
호박씨 오일 12g
올리브오일 12g
고운 소금 2g
사라왁(Sarawak)
후추 1g

석류 비에르주 소스 VIERGE DE GRENADE

사과의 껍질을 벗긴 뒤 아주 잘게 깍둑 썬다(brunoise). 포도의 껍질을 벗기고 씨를 제거한 다음 8등분한다. 석류의 껍질을 벗겨 알갱이 75g을 계량해 준비한다. 비에르주 소스 재료를 모두 섞은 뒤 간을 맞추고 냉장고에서 최소 2시간 동안 재워둔다.

굴 HUÎTRES

오븐을 스팀 모드로 설정하고 100℃로 예열한다. 굴을 오븐팬에 한 켜로 놓고 예열된 오븐에 넣어 1분 45초간 익힌다. 굴 껍데기가 벌어지면 꺼내서 살을 발라낸 다음 굴에서 나온 즙과 함께 냄비에 담는다. 굴 껍데기 중 우묵한 쪽 5개만 남겨두고 납작한 5개는 버린다. 냄비에 담은 굴을 약 65℃까지 가열해 살짝 데친다. 바로 식힌 뒤 냉장고에 넣어둔다.

플레이팅 MONTAGE

우묵한 굴 껍데기를 깨끗이 씻은 뒤 물기를 완전히 제거한다. 쪽파를 잘게 송송 썬 다음 석류 비에르주 소스에 넣고 섞는다. 굴 껍데기 안에 소스를 조금 넣고 그 위에 물기를 털어낸 굴을 올린다. 서빙 접시에 굵은 소금을 넉넉히 깔고 굴을 흔들리지 않게 그 위에 박아 놓는다. 올리브오일을 살짝 뿌리고 미니 크레스 잎을 얹어 장식한다.

셰프의 조언

스팀 오븐이 없는 경우에는 전통적인 방법으로 굴을 깐 다음 조심스럽게 살을 꺼내 사용한다.

너트류, 건과일

헤이즐넛 프랄리네 볼

SPHÈRE NOISETTE, GANACHE MONTÉE ET PRALINÉ COULANT

10인분

준비
50분

조리
20분

냉장
24시간

냉동
2시간

향 우리기
24시간

보관
냉장고에서 2일

도구
원뿔체
지름 6cm 원형
쿠키 커터
아세테이트 시트
지름 2cm 구형
실리콘 틀
지름 4cm 구형
실리콘 틀
지름 5.8cm 구형
실리콘 틀
나무꼬치
짤주머니
마이크로플레인
그레이터
푸드 프로세서
조리용 온도계

재료

스트로이젤
헤이즐넛 가루 50g
비정제 황설탕 40g
버터(상온의 포마드
상태) 40g
메밀가루 40g

프랄리네
생헤이즐넛 140g
설탕 28g
소금(플뢰르 드 셀)
2.8g
바닐라 빈 ¼줄기
카카오 버터 100g

휩드 헤이즐넛 가나슈
우유(전유) 175g
생헤이즐넛 40g
젤라틴 가루 2.5g
물 17.5g
화이트 초콜릿(카카오
35% ivoire) 50g
액상 생크림(유지방
35%) 220g
헤이즐넛 페이스트 40g
헤이즐넛 프랄리네
페이스트 50g

비스퀴 시트
다크 초콜릿(카카오
66% caraïbes) 55g
스트로이젤 180g
크리스피 푀양틴 35g

프랄리네 크레뫼
판 젤라틴 1g
우유(전유) 77.5g
달걀노른자 20g
설탕 15g
옥수수 전분 7.5g
버터 30g
헤이즐넛 프랄리네
페이스트 50g

완성 재료
생헤이즐넛 20g
카카오 버터 25g
밀크 초콜릿(카카오
40% jivara) 25g
투명 글라사주 50g
식용 금박

스트로이젤 STREUSEL

재료를 모두 손으로 비비며 부슬부슬한 질감으로 섞는다. 유산지를 깐 오븐팬 위에 반죽을 조금씩 떼어 놓는다. 170℃로 예열한 오븐에서 10분간 굽는다.

프랄리네 PRALINÉ

유산지를 깐 오븐팬에 헤이즐넛을 한 켜로 펼쳐놓고 150℃ 오븐에서 20분간 로스팅한다. 냄비에 설탕, 길게 갈라 긁은 바닐라 빈 가루를 넣고 가열해 황금색의 캐러멜을 만든다. 이 캐러멜을 구운 헤이즐넛에 붓고 굳도록 둔다. 굵직하게 부순 뒤 소금과 함께 푸드 프로세서에 넣고 갈아준다. 이것을 짤주머니에 채워 넣은 뒤 지름 2cm 구형 틀 안에 10개를 각각 짜 넣는다. 냉동실에 2시간 동안 넣어 굳힌 뒤 틀에서 떼어낸다. 카카오 버터를 중탕으로 녹인다. 얼려둔 프랄리네 볼을 나무꼬치로 찍어 녹인 카카오 버터에 재빨리 담갔다 빼낸다. 굳을 때까지 몇 초간 기다린 다음 오븐팬에 놓고 조립할 때까지 냉동실에 넣어둔다.

휩드 헤이즐넛 가나슈 GANACHE MONTÉE À LA NOISETTE

냄비에 우유, 로스팅한 헤이즐넛(프랄리네 과정 참조)을 넣고 약하게 끓을 때까지 가열한다. 불에서 내린 뒤 핸드블렌더로 갈아준다. 냉장고에 24시간 동안 넣어 향을 우려낸다. 체에 거른 다음 125g을 계량해 85℃까지 가열한다. 불에서 내린 뒤 물에 적셔 불린 젤라틴을 넣고 잘 저어 녹인다. 이것을 잘게 잘라둔 초콜릿에 붓고 핸드블렌더로 갈아 혼합한다. 여기에 차가운 생크림을 넣고 이어서 프랄리네와 섞어둔 헤이즐넛 페이스트를 넣어준다. 핸드블렌더로 다시 한 번 갈아 혼합한다. 랩을 씌운 뒤 냉장고에 최소 4시간 동안 넣어둔다.

비스퀴 시트 BISCUIT RECONSTITUÉ

초콜릿을 중탕으로 녹인다. 스트로이젤을 푸드 프로세서에 넣고 너무 곱지 않게 분쇄한다. 여기에 크리스피 푀양틴과 녹인 초콜릿을 넣고 섞어준다. 혼합물을 두 장의 아세테이트 시트 사이에 넣고 0.7mm 두께로 밀어준다. 어느 정도 굳을 때까지 냉장고에 몇 분간 넣어둔다. 지름 6cm 원형 커터로 찍어 디스크 10장을 잘라낸다.

프랄리네 크레뫼 CRÉMEUX PRALINÉ

판 젤라틴을 찬물에 담가 말랑하게 불린다. 냄비에 우유를 넣고 끓인다. 바닥이 둥근 볼에 달걀노른자와 설탕, 전분을 넣고 거품기를 휘저어 섞는다. 여기에 뜨거운 우유를 부으며 계속 거품기로 저어 섞은 다음 다시 냄비로 모두 옮겨 담는다. 약하게 끓을 때까지 가열한다. 불에서 내린 뒤 물을 꼭 짠 젤라틴을 넣고 잘 저어 녹인다. 혼합물이 40℃까지 식으면 버터를 넣고 섞어준다. 헤이즐넛 프랄리네를 넣고 핸드블렌더로 갈아 혼합한다. 랩을 밀착되게 덮어준 다음 냉장고에 최소 2시간 동안 넣어둔다.

조립하기 MONTAGE

헤이즐넛 가나슈를 거품기로 휘저어 약간 단단하게 휘핑한 다음 짤주머니에 채워 넣는다. 사용할 때까지 냉장고에 보관한다. 프랄리네 크레뫼를 다른 짤주머니에 채워 넣은 뒤 지름 4cm 구형 틀 10개 안에 각각 ⅔정도씩 짜 넣는다. 여기에 미리 얼려두었던 지름 2cm 프랄리네 볼을 하나씩 놓고 크레뫼를 더 채워 덮어준다. 완전히 굳을 때까지 냉동실에 넣어둔다. 틀에서 떼어낸다. 지름 5.8cm 구형 틀 10개 안에 휩드 헤이즐넛 가나슈를 짜 넣어 ⅔정도 채운다. 여기에 얼려 굳힌 헤이즐넛 크레뫼 볼을 하나씩 놓고 가나슈를 더 짜 넣어 틀을 완전히 채워준다. 냉동실에 넣어 완전히 굳힌다. 마이크로플레인 그레이터에 헤이즐넛을 얇게 갈아준다. 헤이즐넛 볼이 완전히 굳으면 틀에서 떼어낸다. 내열 볼에 카카오 버터와 초콜릿을 넣고 중탕으로 45℃까지 가열해 녹인다. 굳은 헤이즐넛 볼을 나무꼬치로 찍은 뒤 녹인 초콜릿에 담갔다 뺀다. 유산지를 깐 오븐팬 위에 놓고 표면이 굳을 때까지 약 5분 정도 기다린다. 투명 글레이즈를 얇게 씌워준 다음 가늘게 간 헤이즐넛 셰이빙으로 덮어준다. 스트로이젤 비스퀴 시트 위에 헤이즐넛 볼을 한 개씩 올린 뒤 헤이즐넛 껍질 조각과 식용 금박을 얹어 장식한다.

피스타치오, 프랄리네, 초콜릿 봉봉

BONBONS À LA PÂTE D'AMANDES, PRALINÉ, GANACHE À LA PISTACHE

봉봉 130개분

준비
2시간

조리
20분

휴지
4시간

보관
밀폐용기에 담아
냉장고에서 3일

도구
사방 37cm 높이 1cm
정사각형 프레임
아세테이트 시트
핸드블렌더
전동 스탠드 믹서
푸드 프로세서
베이킹용 밀대
L자 스패출러
조리용 온도계

재료

**아몬드 피스타치오
페이스트**
아몬드 페이스트
(아몬드 50%) 400g
피스타치오 페이스트
80g

**피스타치오 프랄리네
레이어**
아몬드 33g
피스타치오 134g
설탕 112g
우유 분말 9g
소금(플뢰르 드 셀) 2g
카카오 버터 31g
밀크 커버처 초콜릿
28g

**초콜릿 피스타치오
가나슈**
액상 생크림(유지방
35%) 310g
전화당 55g
다크 커버처 초콜릿
(카카오 66%) 355g
아몬드 피스타치오
페이스트 23g
소르비톨액 20g
버터 80g

초콜릿 데커레이션
다크 커버처 초콜릿
(카카오 66%) 600g

아몬드 피스타치오 페이스트 PÂTE D'AMANDES-PISTACHES

전동 스탠드 믹서 볼에 아몬드 페이스트와 피스타치오 페이스트를 넣고 플랫 비터를 돌려 균일한 질감이 되도록 섞어준다. 혼합물을 덜어낸 다음 밀대를 이용해 3mm 두께로 민 다음 정사각형 프레임을 눌러 자른다. 초콜릿 가나슈용 으로 혼합물 23g은 따로 남겨둔다.

피스타치오 프랄리네 레이어 PRALINÉ COLLÉ PISTACHE

아몬드의 속껍질을 벗긴 다음(p.30 테크닉 참조) 유산지를 깐 오븐팬 위에 한 켜로 펼쳐 놓는다. 160℃로 예열한 오븐에 넣어 10분간 로스팅한다. 오븐에서 꺼낸 뒤 피스타치오를 추가한 다음 오븐팬에 고르게 펼쳐놓는다. 냄비에 설탕 을 넣고 가열해 캐러멜을 만든다. 황금색이 나기 시작하면 이것을 아몬드와 피 스타치오 위에 부어준다. 식혀서 굳으면 푸드 프로세서에 넣고 갈아 프랄리네 를 만든다. 여기에 우유 분말과 소금을 넣고 다시 한 번 가볍게 갈아준다. 카카 오 버터와 초콜릿을 30℃까지 가열해 녹인다. 이것을 아몬드 피스타치오 프랄 리네에 넣고 알뜰 주걱으로 잘 섞어준다. 혼합물을 정사각형 프레임의 아몬드 피스타치오 페이스트 위에 부어 3mm 두께로 깔아준 다음 L자 스패출러로 매 끈하게 눌러준다.

초콜릿 피스타치오 가나슈 GANACHE CHOCOLAT-PISTACHE

냄비에 생크림과 전화당을 넣고 35℃까지 가열해 녹인다. 다른 볼에 초콜릿을 넣고 35℃까지 가열해 녹인 뒤 아몬드 피스타치오 페이스트를 넣고 균일하게 섞는다. 여기에 데운 생크림을 넣고 소르비톨액, 버터를 넣어준다. 핸드블렌더로 모두 갈아 혼합한다. 가나슈를 사각 프레임 안의 피스타치오 프랄리네 레이어 위 에 붓고 L자 스패출러로 매끈하게 다듬는다. 냉장고에 4시간 동안 넣어 굳힌다.

초콜릿 데커레이션 DÉCOR CHOCOLAT

초콜릿을 템퍼링한다. 우선 내열 볼에 잘게 자른 초콜릿을 넣고 중탕 냄비에 올 려 50℃까지 가열해 녹인다. 볼을 불에서 내린 뒤 얼음물이 담긴 큰 용기에 담 그고 잘 저어주며 식힌다. 초콜릿의 온도가 28~29℃까지 떨어지면 다시 중탕 냄비 위에 올려 31~32℃까지 가열한다. 템퍼링한 초콜릿을 두 장의 아세테이 트 시트 사이에 펼쳐놓고 밀대를 이용해 2mm 두께로 밀어준다. 살짝 굳으면 아세테이트 시트 윗장을 떼어낸 다음 사방 3cm 크기의 정사각형으로 자른다.

조립하기 DRESSAGE

정사각형 프레임 틀을 제거한 다음 사방 3cm 크기의 정사각형 봉봉으로 자른 다. 각 봉봉 위에 초콜릿 스퀘어 데커레이션을 한 장씩 올려놓는다.

칼리송
CALISSONS

약 20개분

준비
1시간

휴지
72시간

보관
밀폐용기에 넣어 1주일

도구
푸드 프로세서
베이킹용 밀대

재료

칼리송 베이스
슈거파우더 100g
아몬드 가루 125g
오렌지 블러섬 워터 10g
캔디드 오렌지 60g
캔디드 레몬 15g
캔디드 멜론 250g
당과용 라이스 페이퍼
(feuille d'azyme)
사방 20cm 크기 1장

로열 아이싱
슈거파우더 150g
달걀흰자 15g
레몬즙 2g

데커레이션
식용 은박

칼리송 베이스 PÀTE À CALISSONS
냄비에 슈거파우더, 아몬드 가루, 오렌지 블러섬 워터를 넣고 약불로 약 10분 정도 가열해 페이스트를 만든다. 이것을 푸드 프로세서에 넣고 캔디드 오렌지, 레몬, 멜론을 모두 넣은 뒤 최대 속도로 돌려 갈아준다. 매끈하고 끈적한 질감의 혼합물이 완성되면 덜어내 라이스 페이퍼 위에 붓고 밀대를 이용해 1cm 두께로 밀어준다. 상온의 건조한 장소에 72시간 동안 두어 휴지시킨다.

로열 아이싱 GLACE ROYALE
볼에 슈거파우더와 달걀흰자를 넣고 거품기로 휘저어 섞어준다. 여기에 레몬즙을 넣어준다. 아이싱 혼합물의 농도는 크리미하되 흐르지 않는 정도가 되어야 한다.

조립하기 MONTAGE
칼리송 베이스 위에 로열 아이싱을 얇게 한 켜 씌운다. 1~2분 정도 그대로 둔다. 너무 오래 방치하면 로열 아이싱이 너무 마르면서 단단해질 수 있으니 주의한다. 칼의 날을 뜨거운 물에 담갔다 뺀 다음 칼리송을 각 면이 3cm인 마름모꼴로 잘라준다. 칼리송 베이스가 끈적끈적하기 때문에 자를 때마다 칼날을 깨끗이 닦아주어야 깔끔하게 자를 수 있다. 식용 은박을 조금씩 올려 장식한다.

셰프의 조언

칼리송 베이스는 매우 끈적끈적하기 때문에 밀대에 기름을 살짝 발라준 뒤 밀어주어야 붙지 않고 깔끔하게 작업할 수 있다.

호두 타르틀레트
TARTELETTES AUX NOIX

6인분

준비
1시간

조리
30분

냉장
6시간

냉동
3시간

보관
냉장고에서 2일

도구
원뿔체
지름 8cm 원형
쿠키 커터
Silikomart Klassik
타르트 링 키트(지름
7cm, 높이 2cm 링
6개, 지름 7cm, 높이
1.5cm 원형틀 6구형)
핸드블렌더
주방용 붓
푸드 프로세서
전동 스탠드 믹서
베이킹용 밀대
L자 스패출러
체
실리콘 패드
조리용 온도계

재료

커피 호두 파트 쉬크레
버터 77g
슈거파우더 38g
달걀 32g
소금 1.5g
아몬드 가루 20g
호두 가루 20g
밀가루(T55) 38g +
112g
분쇄 커피 20g

호두 피낭시에
버터(상온의 포마드
상태) 40g
호두 페이스트 40g
아몬드 가루 50g
슈거파우더 50g
달걀흰자 45g
밀가루(T55) 25g
호두 오일
굵게 부순 호두살

커피 호두 프랄리네
속껍질 벗긴 아몬드
34g
호두살 135g
설탕 20g
커피 원두 30g
소금(플뢰르 드 셀) 5g

커피 무스
판 젤라틴 14g
커피 원두 8g
우유(전유) 58g
달걀노른자 19g
액상 커피 엑스트렉트
2g
달걀흰자 30g
설탕 13g
글루코스 22g
액상 생크림(유지방
35%) 117g

커피 글라사주
글루코스 시럽 150g
물 62g
바닐라 빈 ½줄기
설탕 150g
블론드 초콜릿(Dulcey)
150g
무가당 연유 100g
액상 커피 엑스트렉트
5g

호두 튀일
달걀흰자 55g
슈거파우더 45g
밀가루 25g
물 240g
버터 22g
소금 2g
호두살

커피 호두 파트 쉬크레 PÂTE SUCRÉE AUX NOIX ET CAFÉ

전동 스탠드 믹서에 버터와 슈거파우더를 넣고 플랫비터를 돌려 섞어준다. 달걀과 소금을 넣고 섞는다. 아몬드 가루와 호두 가루, 밀가루 38g을 넣고 섞어준다. 균일하게 섞이면 나머지 밀가루와 커피 가루를 넣고 잘 섞는다. 반죽을 랩으로 씌운 뒤 냉장고에 넣어 30분간 휴지시킨다. 반죽을 2.5mm 두께로 민 다음 쿠키 커터를 이용해 지름 7cm 원형 6장을 잘라낸다. 잘라낸 반죽 시트를 지름 7cm 타르트 링에 깔아준다. 180℃로 예열한 오븐에서 6분간 시트만 초벌로 굽는다.

호두 피낭시에 FINANCIER AUX NOIX

전동 스탠드 믹서에 버터와 호두 페이스트를 넣고 플랫비터를 돌려 섞어준다. 아몬드 가루와 슈거파우더를 체에 쳐 혼합물에 넣고 섞는다. 달걀흰자를 너무 단단하지 않게 거품 낸 다음 조금씩 넣어가며 거품기로 휘저어 섞는다. 알뜰 주걱으로 혼합물을 모두 잘 섞어준다. 밀가루와 굵직하게 부순 호두살을 넣어준다. 미리 초벌로 구워 둔 타르트 시트 안에 혼합물을 붓고 1cm 두께로 깔아준다. 180℃ 오븐에서 15분간 굽는다. 오븐에서 꺼낸 다음 호두 오일을 붓으로 가볍게 발라 적신다.

커피 호두 프랄리네 PRALINÉ CAFÉ ET NOIX

유산지를 깐 오븐팬에 아몬드와 호두를 펼쳐 놓고 150℃ 오븐에서 10분간 로스팅한다. 냄비에 설탕을 넣고 가열해 갈색의 캐러멜을 만든다. 캐러멜을 구운 아몬드와 호두, 커피 원두 위에 붓고 상온에서 굳을 때까지 둔다. 굵직하게 부순 다음 푸드 프로세서에 넣고 소금을 첨가한 뒤 갈아준다.

커피 무스 MOUSSE LÉGÈRE AU CAFÉ

판 젤라틴을 찬물에 담가 말랑하게 불린다. 냄비에 우유를 넣고 약하게 끓을 때까지 가열한다. 불에서 내린 뒤 굵직하게 부순 원두커피를 넣고 뚜껑을 덮어 15분간 향을 우려낸다. 체에 거른 뒤 커피 향이 우러난 우유를 다시 불에 올린다. 풀어둔 달걀노른자를 넣고 주걱으로 계속 저어가며 85℃까지 가열한다. 불에서 내린 뒤 물을 꼭 짠 젤라틴을 넣고 잘 저어 녹인다. 커피 엑스트렉트를 넣어준다. 냉장고에 20분 정도 넣어 식힌다. 내열 볼에 달걀흰자와 설탕을 넣고 중탕 냄비 위에 올린 뒤 잘 저어가며 45℃까지 가열한다. 여기에 글루코스를 넣고 거품기로 휘저어 단단한 머랭을 만든다. 다른 볼에 액상 생크림을 넣고 부드럽게 휘핑한 다음 머랭에 붓고 알뜰 주걱으로 살살 섞어준다. 만들어 둔 커피향 혼합물을 넣고 계속 알뜰 주걱으로 섞어준다. 실리코마트 원형틀에 바로 채워 넣은 뒤 냉동실에 최소 3시간 동안 넣어 굳힌다.

커피 글라사주 GLAÇAGE AU CAFÉ

냄비에 글루코스 시럽과 물, 길게 갈라 긁은 바닐라 빈 가루를 넣고 끓인다. 다른 냄비에 설탕을 넣고 캐러멜 색이 날 때까지 가열한 다음 첫 번째 시럽 혼합물을 넣어 더 이상 끓는 것을 중지시킨다. 혼합물을 계량한 뒤 필요한 경우 뜨거운 물을 조금 첨가하여 총 362g을 만든다. 초콜릿을 중탕으로 녹인 다음 연유와 섞는다. 여기에 캐러멜 혼합물을 붓고 핸드블렌더로 갈아 혼합한다. 랩을 밀착되게 덮은 뒤 냉장고에 6시간 동안 넣어둔다. 이 글라사주는 30℃로 온도를 맞춘 뒤 사용한다.

호두 튀일 TUILE AUX NOIX

오븐을 170℃로 예열한다. 달걀흰자와 슈거파우더, 밀가루를 혼합한다. 냄비에 물, 버터, 소금을 넣고 끓인다. 첫 번째 혼합물을 끓는 물 냄비에 넣고 잘 저으며 끓을 때까지 가열한다. 혼합물이 끓으면 실리콘 패드를 깐 오븐팬 위에 덜어낸 다음 L자 스패출러를 이용해 얇게 펼쳐준다. 호두살을 고루 뿌린 다음 오븐에 넣어 10분간 굽는다. 오븐에서 꺼내 몇 분간 기다린 다음 적당한 크기로 부순다.

조립하기 MONTAGE

피낭시에까지 채운 타르트 안에 프랄리네를 링 높이 끝까지 넣어 채운다. 글라사주의 온도를 상온으로 맞춘다. 커피 무스 6개를 틀에서 꺼낸다. 냉동실에서 굳은 커피 무스 중앙에 나무꼬치를 찌른 뒤 글라사주에 담갔다 빼낸다. 알뜰 주걱으로 밑면을 깔끔하게 밀어 정리한 다음 타르트 위에 바로 얹어준다. 나무꼬치를 조심스럽게 돌리며 빼낸다. 완성된 타르트 위에 호두 튀일과 호두살을 얹어 장식한다. 서빙하기 약 1시간 전에 냉장실로 옮겨 해동한다.

캐러멜 피칸 브라우니
BROWNIE AUX NOIX DE PÉCAN ET CARAMEL TENDRE

6인분

준비
20분

조리
20~25분

보관
밀폐용기에 넣어 2일

도구
사방 16cm 정사각형 프레임
핸드블렌더
깍지 없는 짤주머니
체
실리콘 패드
조리용 온도계

재료

소프트 캐러멜
글루코스(38DE) 25g
설탕 25g
액상 생크림(유지방 35%) 45g
버터 10g
소금(플뢰르 드 셀) 0.5g

캐러멜라이즈드 피칸
피칸 80g
물 15g
설탕 50g
향이 없는 식용유

브라우니
다크 초콜릿(카카오 65% caraïbes) 65g + 20g
버터 65g
호두 오일 10g
설탕 25g
라파두라 슈거 25g
달걀 75g
밀가루(T65) 22.5g
무가당 코코아 가루 5g
베이킹파우더 1.5g
아몬드 가루 35g
소금 1g
캐러멜라이즈드 피칸 50g

소프트 캐러멜 CARAMEL TENDRE
냄비에 글루코스와 설탕을 넣고 끓여 갈색 캐러멜을 만든다. 다른 냄비에 생크림을 넣고 살짝 끓을 때까지 가열한다. 뜨거운 생크림을 캐러멜에 몇 번에 나누어 넣어 더 이상 끓는 것을 중지시킨다. 이때 뜨거운 캐러멜이 튈 수 있으니 화상에 주의한다. 알뜰 주걱으로 잘 저어 섞는다. 1분간 끓인 뒤 불에서 내린다. 여기에 버터와 소금을 넣고 핸드블렌더로 갈아 혼합한다. 상온에 약 10분 정도 두어 굳힌 뒤 짤주머니에 채워 넣는다.

캐러멜라이즈드 피칸 NOIX DE PÉCAN CARAMÉLISÉES
유산지를 깐 오븐팬에 피칸을 펼쳐 놓고 160℃ 오븐에서 15분간 로스팅한다. 냄비에 물과 설탕을 넣고 1분간 끓인다. 여기에 아직 뜨거운 피칸을 넣고 모래처럼 부슬부슬한 상태가 될 때까지(p.116 참조) 알뜰 주걱으로 잘 섞어준다. 불을 살짝 줄인 뒤 황금색이 날 때까지 캐러멜라이즈한다. 기름을 몇 방울 넣고 잘 섞은 뒤 유산지 위에 덜어낸다. 피칸이 서로 달라붙지 않도록 떼어 놓는다. 이 중 50g은 따로 덜어낸 뒤 칼로 굵직하게 다져 브라우니 표면 데커레이션용으로 사용한다.

브라우니 BROWNIE
내열 볼에 초콜릿 65g과 작게 썬 버터, 호두 오일을 넣고 중탕으로 50℃까지 가열해 녹인다. 바닥이 둥근 볼에 설탕과 달걀을 넣고 색이 뽀얗게 변할 때까지 거품기로 휘저어 섞는다. 밀가루, 코코아 가루, 베이킹파우더를 체에 친 다음 아몬드 가루와 소금을 넣고 섞는다. 녹인 초콜릿을 설탕, 달걀 혼합물에 넣어 섞은 뒤 체에 친 가루 재료를 넣어준다. 캐러멜라이즈드 피칸 50g과 잘게 다진 나머지 초콜릿 20g을 넣고 잘 섞는다. 실리콘 패드를 깐 오븐팬 위에 정사각형 프레임을 놓고 그 안에 브라우니 혼합물을 넣어 채운다. 캐러멜라이즈드 피칸을 고루 얹은 뒤 160℃ 오븐에서 20~25분간 굽는다. 프레임 틀을 제거한 뒤 상온에서 식힌다. 소프트 캐러멜을 보기좋게 짜 얹은 뒤 적당한 크기로 자른다.

마카다미아너트 누가
NOUGAT AUX NOIX DE MACADAMIA

32개분

준비
30분

조리
15분

휴지
24시간

보관
밀폐용기에 넣어 2개월

도구
사방 16cm, 높이 4cm
정사각형 프레임 2개
브레드 나이프
전동 스탠드 믹서
베이킹용 밀대
설탕공예용 온도계

재료
마카다미아너트 500g
물 135g
설탕 400g
글루코스 200g
꿀 500g
달걀흰자 70g
누가용 라이스페이퍼
4장

유산지를 깐 오븐팬에 마카다미아너트를 펼쳐 놓은 뒤 170℃ 오븐에서 7분간 로스팅한다. 구운 너트를 반으로 자른다.

냄비에 물, 설탕, 글루코스를 넣고 145℃까지 끓인다.

전동 스탠드 믹서 볼에 달걀흰자를 넣고 휘저어 거품을 낸다.

다른 냄비에 꿀을 넣고 가열한다. 온도가 130℃에 도달하면 거품을 내고 있는 달걀흰자에 부어준다.

145℃까지 끓인 시럽을 여기에 붓고 약 5분간 계속 거품기를 돌리며 70℃까지 식힌다. 혼합물을 조금 덜어내 손가락으로 동그랗게 굴려보았을 때 달라붙지 않으면 적당한 농도와 질감이 된 것이다.

혼합물의 온도가 60℃까지 떨어지면 전동 스탠드 믹서의 거품기 핀을 플랫비터로 교체한 뒤 아직 따뜻한 온도의 구운 마카다미아너트를 넣고 슬쩍 섞어준다. 너트가 부서질 우려가 있으니 너무 세게 오래 섞지 않는다.

라이스페이퍼 위에 정사각형 프레임을 놓고 누가 혼합물을 부어 채운다. 그 위에 라이스페이퍼를 한 장 덮어준다.

그 위에 유산지를 한 장 올린 뒤 밀대를 사용해 표면을 평평하고 매끈하게 밀어준다. 틀 밖으로 넘쳐 나온 라이스페이퍼는 깔끔하게 잘라낸다.

건조한 장소에 24시간 동안 둔다. 누가를 틀에서 쉽게 분리하기 위해 칼날을 정사각형 프레임 내벽과 누가 사이에 넣고 둘레를 따라 한 번 훑어준다. 톱날이 있는 브레드 나이프를 이용해 누가를 1cm 두께로 길게 잘라준다.

브라질너트 초콜릿 바

BARRE AUX NOIX DE BRÉSIL

10~12개분

준비
1시간 30분

조리
1시간

냉장
하룻밤

보관
밀폐용기에 넣어 3일

도구
사방 20cm 정사각형 프레임
멜론 볼러
짤주머니 + 원형 깍지 (10호)
핸드블렌더
전동 스탠드 믹서
푸드 프로세서
조리용 온도계
나무꼬치

재료

브라질너트 쇼트브레드
브라질너트 40g
설탕 50g
밀가루 150g
버터 100g
소금(플뢰르 드 셀) 5g

소프트 캐러멜
물 20g
설탕 95g
글루코스 75g
액상 생크림(유지방 35%) 115g
무가당 연유 55g
바닐라 빈 1줄기
버터 150g
소금(플뢰르 드 셀) 1g

브라질너트 프랄리네 페이스트
설탕 10g
물 25g
브라질너트 100g
아몬드 50g

휩드 프랄리네 가나슈
판 젤라틴 1g
액상 생크림(유지방 35%) 175g
밀크 초콜릿(카카오 40% jivara) 55g
브라질너트 프랄리네 페이스트 45g

초콜릿 코팅
다크 초콜릿(카카오 55% équatoriale noir) 500g
향이 없는 오일 5g

데커레이션
식용 금박

브라질너트 쇼트브레드 SHORTBREAD

브라질너트를 칼로 굵직하게 다진 뒤 유산지를 깐 오븐팬에 펼쳐 놓는다. 160℃ 오븐에서 10분간 로스팅한다. 전동 스탠드 믹서 볼에 설탕, 밀가루, 버터, 소금을 넣고 플랫비터를 돌려 섞는다. 식힌 브라질너트를 넣고 섞어준다. 사방 20cm 정사각형 프레임 안에 혼합물을 넣고 손으로 평평하게 눌러준다. 170℃ 오븐에서 30~40 분간 굽는다. 프레임 안에 그대로 둔 채로 식힌다.

소프트 캐러멜 CARAMEL MOU

냄비에 물, 설탕, 글루코스를 넣고 연한 캐러멜 색이 나도록 185℃ 까지 끓인다. 미리 뜨겁게 데운 생크림을 넣어 캐러멜이 더 이상 끓는 것을 중지시킨다. 잘 섞은 뒤 다시 끓을 때까지 가열한다. 연유, 길게 갈라 긁은 바닐라 빈 가루, 버터, 소금을 넣고 핸드블렌더로 갈아 혼합한다. 구워서 식힌 쇼트브레드 위에 캐러멜을 흘려 붓는다. 냉장고에 하룻밤 넣어둔다.

브라질너트 프랄리네 페이스트 PRALINÉ NOIX DU BRÉSIL

유산지를 깐 오븐팬 위에 브라질너트와 아몬드를 펼쳐 놓고 160℃ 오븐에서 10분간 로스팅한다. 큰 냄비에 물과 설탕을 넣고 110℃ 까지 가열해 시럽을 만든다. 뜨거운 브라질너트와 아몬드를 넣고 설탕이 모래처럼 부슬부슬하게 엉겨붙을 때까지 잘 저으며 가열한다. 계속 잘 저으며 캐러멜라이즈한다. 오븐팬에 덜어낸 다음 완전히 식힌다. 굵직하게 부순 뒤 푸드 프로세서에 넣고 균일하게 갈아 프랄리네 페이스트를 만든다.

휩드 프랄리네 가나슈 GANACHE MONTÉE

젤라틴을 찬물에 담가 말랑하게 불린다. 냄비에 생크림을 넣고 약하게 끓을 때까지 가열한다. 불린 젤라틴의 물을 꼭 짠 뒤 뜨거운 생크림에 넣고 잘 저어 녹인다. 잘게 다져둔 초콜릿과 프랄리네가 담긴 볼에 뜨거운 생크림을 부어준다. 핸드블렌더로 갈아 매끈한 가나슈를 만든다. 냉장고에 하룻밤 넣어둔다.

초콜릿 코팅 ENROBAGE CHOCOLAT

잘게 잘라둔 초콜릿을 넣은 내열 볼을 중탕 냄비 위에 올린 뒤 50℃ 까지 가열해 녹인다. 초콜릿이 녹으면 볼을 얼음과 물을 넣은 용기 위에 놓고 잘 저으며 식힌다. 온도가 28~29℃까지 떨어지면 다시 볼을 중탕 냄비 위에 올려 31~32℃까지 가열한다. 템퍼링된 초콜릿에 오일을 넣어 섞어준 뒤 불에서 내린다.

조립하기 MONTAGE

캐러멜을 얹은 쇼트브레드를 냉장고에서 꺼낸 뒤 3 x 10cm 크기의 스틱 모양으로 자른다. 두 개의 나무꼬치로 찌른 뒤 템퍼링한 다크 초콜릿에 넣었다 빼 코팅한다. 10분 정도 굳힌다. 가나슈를 손 거품기로 가볍게 휘핑한 다음 (크림이 분리되지 않도록 주의한다) 원형 깍지(10호)를 끼운 짤주머니에 채워 넣는다. 코팅을 씌운 브라질너트 초콜릿 바 위에 짤주머니로 가나슈를 작은 물방울 무늬로 여러 개 짜 얹는다. 멜론 볼러를 사용해 가나슈를 납작하게 살짝 눌러준 다음 그 공간 안에 브라질너트 프랄리네 페이스트를 채워 넣는다. 식용 금박을 조금 얹어 장식한다.

셰프의 조언

프랄리네를 만들 때 너무 오래 갈면
기름이 분리될 수 있으니 주의한다.
만일 기름기가 분리되면 프랄리네를
냉장고에 몇 분간 넣어 온도를 낮춘 뒤
다시 갈아준다.

캐슈너트 망디앙

MENDIANTS AUX NOIX DE CAJOU

6개분

준비
15분

조리
10분

굳히기
2시간

보관
밀폐용기에 넣어 4일

도구
지름 7cm 타르트 링
짤주머니
주걱
조리용 온도계

재료

**캐러멜라이즈드
캐슈너트**
설탕 50g
물 50g
바닐라 빈 ½줄기
캐슈너트 66g

초콜릿
다크 초콜릿(카카오
64% manjari) 100g

캐러멜라이즈드 캐슈너트 CHOUCHOUS
냄비에 설탕과 물을 넣고 가열한다. 길게 갈라 긁은 바닐라 빈 가루와 캐슈너트를 넣어준 다음 130℃가 될 때까지 약 10분간 가열한다. 불을 낮춘 뒤 주걱으로 잘 저으며 섞어준다. 설탕이 모래처럼 부슬부슬한 질감이 되면 불에서 내린 뒤 유산지 위에 모두 쏟아낸다. 두 번에 나누어 다시 냄비에 넣고 캐러멜라이즈되도록 잘 저으며 가열한다.

초콜릿 CHOCOLAT
초콜릿을 템퍼링한다(p.187 참조). 짤주머니에 채워 넣는다.

조립하기 MONTAGE
유산지를 깐 베이킹 팬 위에 지름 7cm 타르트 링을 모두 놓고 짤주머니를 이용해 초콜릿을 3~4mm 두께로 각각 얇게 짜 넣는다. 그 위에 캐러멜라이즈드 캐슈너트를 얹어 덮어준다. 최소 2시간 이상 굳힌 뒤 링을 제거한다.

땅콩을 곁들인 닭 다릿살 꼬치
CUISSE DE POULET AUX CACAHUÈTES

8인분

준비
30분

마리네이드
하룻밤

조리
45분

휴지
30분

보관
냉장고에서 2일

도구
망국자
그릴 망
로스터리용 꼬챙이
나무꼬치

재료
참깨 5g
땅콩 40g
향이 없는 오일
스노 피 100g
참기름 1테이블스푼
흰 후추
바나나 잎 1장
장식용 꽃 zalloti
blossom(선택사항)

닭 마리네이드
닭 다리 900g
설탕 40g
간장 20g
굴 소스 150g
물 70g
참기름 15g
생강 5g

닭 마리네이드 MARINADE
닭 다리의 형태를 최대한 유지하면서 뼈를 제거한다. 용기에 마리네이드 양념과 다진 생강을 모두 넣고 섞은 뒤 닭 다릿살을 넣어 재운다. 냉장고에 하룻밤 넣어둔다.

다음 날 LE LENDEMAIN
유산지를 깐 오븐팬에 참깨를 펼쳐놓고 150°C 오븐에서 15분간 로스팅한다. 땅콩을 칼로 굵직하게 다진 뒤 기름을 두르지 않은 팬에 넣고 중불에 올려 살짝 노릇한 색이 날 때까지 볶아준다. 끓는 소금물에 스노 피를 넣고 3~4분간 데쳐 익힌 뒤 얼음물에 넣어 더 이상 익는 것을 중지시킨다. 망국자로 떠낸 뒤 종이타월 위에 놓고 수분을 제거한다. 양념에 재워둔 닭 다릿살을 건져내 양념을 최대한 훑어낸다. 재웠던 양념은 따로 보관한다. 기름을 조금 달군 팬에 닭 다릿살의 껍질 쪽을 노릇하게 지진 다음 180°C로 예열한 오븐에서 약 10분간 굽는다. 다 익은 닭 다릿살을 건져낸 뒤 식힘 망 위에 올려 약 30분간 휴지시킨다. 닭 다릿살을 사방 2cm 크기로 깍둑 썬다. 다시 팬에 넣고 참기름을 한 스푼 둘러준다. 양념액을 조금 넣고 윤기나게 데운다. 나무꼬치에 닭 다릿살 큐브를 3~4개씩 꽂아준다.

플레이팅 MONTAGE
바나나 잎으로 바스켓을 만든 뒤 작은 나무꼬치로 고정시킨다. 그 안에 닭 다리 꼬치와 스노 피, 땅콩을 보기 좋게 담고 장식용 꽃을 올려 완성한다.

몽블랑 피라미드
MONT-BLANC EN PYRAMIDE

6인분

준비
2시간 30분

조리
2시간 10분

냉장
8시간

보관
냉장고에서 2일

도구
사방 15cm 정사각형
프레임
케이크 받침
브레드 나이프
거품기
핸드블렌더
L자 스패출러
주방용 붓
제과용 스프레이 건
짤주머니 + 깍지
체
실리콘 패드
조리용 온도계

재료

머랭
달걀흰자 30g
설탕 20g
글루코스(38DE) 10g
슈거파우더 20g

밤 스펀지 시트
밤 크림 100g
녹인 버터 50g
달걀노른자 20g
밤 가루 50g
베이킹파우더 7g
고운 소금 1g
달걀흰자 30g
설탕 20g

밤 무스
액상 생크림(유지방
35%) 168g
밤 크림 37.5g
밤 페이스트 75g
물 10.5g
젤라틴 가루 1.3g
물 9.2g

블랙커런트 콩피
펙틴 NH 2g
설탕 10g
블랙커런트 퓌레 200g
레몬즙 20g

밤 사블레
밤 가루 30g
슈거파우더 5g
아몬드 가루 3.5g
고운 소금 0.4g
버터 17g
달걀 6g

휩드 크림
판 젤라틴 2g
액상 생크림(유지방
35%) 55g + 105g
바닐라 빈 1줄기
설탕 6g

초콜릿 코팅 스프레이
밀크 커버처 초콜릿
(카카오 40% jivara)
70g
카카오 버터 35g

완성 재료
화이트 초콜릿 180g
마롱 콩피 10개
글루코스 10g
식용 은박

머랭 MERINGUE DÉSUCRÉE

믹싱볼에 달걀흰자와 설탕, 글루코스 시럽을 넣고 중탕 냄비 위에 올린 뒤 거품기로 저어 거품을 올린다. 체에 친 슈거파우더를 넣고 계속 거품기로 휘저어 머랭을 만든다. 실리콘 패드에 기름을 조금 바른 뒤 오븐팬에 깔아준다. 그 위에 머랭 혼합물을 붓고 5mm 두께로 얇게 펼친다. 80℃ 오븐에 넣어 1시간 30분간 건조시킨다. 건조한 장소에 보관한다.

밤 스펀지 시트 BISCUIT MOELLEUX À LA CHÂTAIGNE

밤 크림과 버터를 섞는다. 달걀노른자를 넣고 잘 섞은 뒤 밀가루, 베이킹파우더, 소금을 넣어준다. 다른 볼에 달걀흰자를 넣고 거품을 올린다. 설탕을 넣어가며 단단하게 거품을 올린 다음 혼합물에 넣고 주걱으로 살살 섞어준다. 사방 15cm 정사각형 프레임에 채워 넣는다. 165℃ 오븐에서 25분간 굽는다. 스펀지 시트가 완전히 식은 다음 브레드나이프를 사용해 가로로 반으로 자른다. 각 면이 13cm인 삼각형 3개, 5cm인 삼각형 3개를 각각 잘라낸다.

밤 무스 MOUSSE AU MARRON

생크림을 가볍게 휘핑한 다음 냉장고에 넣어둔다. 밤 페이스트와 밤 크림을 볼에 넣고 알뜰 주걱으로 잘 풀어준다. 물 10.5g을 따뜻하게 데운 뒤 젤라틴을 넣어 적신다. 이것을 혼합물에 넣고 잘 저어 섞는다. 휘핑한 크림을 세 번에 나누어 넣으며 살살 섞어준다. 짤주머니에 채워 넣은 뒤 조립할 때까지 냉장고에 보관한다.

블랙커런트 콩피 CONFIT DE CASSIS

설탕과 펙틴을 섞어준다. 냄비에 블랙커런트 퓌레와 레몬즙을 넣고 가열한다. 45℃에 이르면 설탕, 펙틴 혼합물을 넣고 끓으면 바로 불에서 내린다. 식힌 뒤 블렌더로 갈거나 체에 한 번 내린다. 짤주머니에 채워 넣는다.

밤 사블레 SABLÉ À LA CHÂTAIGNE

밀가루, 슈거파우더, 아몬드 가루, 소금을 볼에 넣고 섞는다. 여기에 상온의 버터를 넣고 손으로 비비며 섞어 부슬부슬한 질감으로 만든다. 달걀을 넣어준다. 균일한 반죽이 되도록 가볍게 섞어준다. 반죽을 크럼블처럼 조금씩 떼어 실리콘 패드를 깐 오븐팬에 놓고 160℃ 오븐에서 15분간 굽는다.

휩드 크림 CRÈME MONTÉE

판 젤라틴을 찬물에 담가 말랑하게 불린다. 생크림 55g에 길게 갈라 긁은 바닐라 빈 가루와 설탕을 넣고 뜨겁게 가열한다. 불에서 내린 뒤 물을 꼭 짠 젤라틴을 넣어준다. 나머지 차가운 생크림을 첨가한 다음 핸드블렌더로 갈아 혼합한다. 랩을 씌워 냉장고에 최소 6시간 동안 넣어둔다. 단단하게 휘핑한 뒤 사용한다.

초콜릿 코팅 스프레이 APPAREIL PISTOLET CHOCOLAT

내열 볼에 커버처 초콜릿과 카카오 버터를 넣고 중탕 냄비에 올린 뒤 45℃까지 가열해 녹인다. 32℃까지 식힌 다음 스프레이 건에 채워 넣는다.

완성하기 FINITIONS

금색 케이크 받침을 각 면이 14cm인 삼각형 모양으로 3장 잘라낸다. 테이프로 붙여 피라미드 모양으로 고정시킨다(틀로 사용). 화이트 초콜릿을 템퍼링한 다음(p.131 참조) 삼각형 틀의 안쪽 면에 붓으로 얇게 발라준다. 몇 분간 굳도록 둔 뒤 다시 그 위에 초콜릿을 한 켜 더 발라준다.

조립하기 MONTAGE

삼각형 틀을 뾰족한 꼭짓점이 아래로 오도록 거꾸로 놓고 밤 무스 1cm, 사블레 크럼블 약간, 잘게 부순 마롱 글라세 약간, 휩드 크림 1cm, 블랙커런트 콩피 얇게 한 켜 순으로 채워 넣는다. 그 위에 밤 무스를 다시 한 켜 바르고 이어서 5cm 삼각형 스펀지 1장, 머랭, 휩드 크림, 블랙커런트 콩피, 마롱 글라세 약간, 마지막 밤 무스 한 켜 순으로 채운다. 그 위에 큰 사이즈의 삼각형 스펀지를 얹어 마무리한다. 피라미드를 바로 세워 놓은 다음 냉장고에 2시간 동안 넣어둔다. 삼각형 종이틀을 조심스럽게 제거한 다음 스프레이 건으로 피라미드에 초콜릿을 분사해 벨벳같은 질감으로 덮어준다. 잘게 부순 마롱 글라세와 식용 은박에 글루코스 시럽을 살짝 묻힌 뒤 몽블랑 피라미드에 고루 붙여 완성한다.

오렌지 블러섬 대추야자 마카롱
MACARONS À LA FLEUR D'ORANGER ET DATTE

약 25개분

준비
2시간

조리
15분

냉장
하룻밤

보관
냉장고에서 3일

도구
스크래퍼
장식용 스텐실
짤주머니 + 지름 6mm,
10mm 원형 깍지
핸드블렌더
전동 스탠드 믹서
푸드 프로세서
실리콘 패드
조리용 온도계

재료

마카롱
물 50g
설탕 200g
달걀흰자 75g + 75g
아몬드 가루 200g
슈거파우더 200g

오렌지 블러섬 필링
설탕 63g
액상 생크림(유지방
35%) 130g + 45g
오렌지 블러섬 워터
45g
액상 식용 색소(그린)
2방울
옥수수 전분 20g
화이트 초콜릿(ivoire)
11g
버터 133g

대추야자 페이스트
대추야자 200g
오렌지즙 40g
칼아몬드 20g

데커레이션
식용 숯가루(charbon
actif) 50g
알코올 40도의 무색
리큐어(럼 또는 키르슈)
4g

마카롱 MACARONS
이탈리안 머랭을 만든다. 우선 냄비에 물과 설탕을 넣고 117℃까지 끓여 시럽을 만든다. 그동안 전동 스탠드 믹서 볼에 달걀흰자 75g을 넣고 거품기를 빠른 속도로 돌리기 시작한다. 시럽 온도가 117℃에 도달하면 거품기를 중간 속도로 줄이면서 달걀흰자에 가늘게 흘려 넣어준다. 거품기에 시럽이 묻지 않도록 주의한다. 다시 속도를 올린 뒤 2분간 거품을 올린다. 이어서 속도를 다시 줄이고 혼합물의 온도가 50℃로 떨어질 때까지 거품기를 계속 돌린다. 다른 볼에 아몬드 가루와 슈거파우더를 동량으로 섞는다. 푸드 프로세서에 넣고 온도가 높아지지 않도록 짧게 끓어가며 기계를 돌려(pulse 모드) 밀가루처럼 곱게 갈아준다. 스크래퍼를 이용해 나머지 달걀흰자 75g을 곱게 간 아몬드 가루에 넣어준다. 이어서 이탈리안 머랭을 3번에 나누어 넣고 살살 섞어준다. 너무 묽지 않고 매끈한 질감으로 섞어준다(마카로나주). 지름 10mm 원형 깍지를 끼운 짤주머니에 혼합물을 채워 넣은 뒤 실리콘 패드를 깐 오븐팬 위에 마카롱 코크를 짜 놓는다. 오븐팬을 살짝 들었다가 바닥에 탁 하고 내려놓으면서 마카롱을 매끈하게 만들어준다. 마카롱 표면이 살짝 꾸덕해질 때까지 상온에서 30분 정도 건조시킨다. 마카롱 팬을 두 번째 오븐팬 위에 겹쳐 놓은 뒤 150℃ 오븐에서 15분간 굽는다.

오렌지 블러섬 필링 GARNITURE À LA FLEUR D'ORANGER
냄비에 설탕, 생크림 130g, 오렌지 블러섬 워터, 식용 색소를 넣고 가열한다. 온도가 50℃에 달하면 나머지 생크림과 옥수수 전분을 섞어 넣어준다. 잘 저으며 끓을 때까지 가열한다. 혼합물을 화이트 초콜릿에 붓고 잘 저어 섞어 가나슈를 만든다. 40℃까지 식힌 뒤 상온의 버터를 넣고 핸드블렌더로 갈아 혼합한다. 냉장고에 하룻밤 넣어둔다.

대추야자 페이스트 PÂTE DE DATTES
대추야자의 씨를 제거한다. 대추야자 과육에 오렌지즙을 넣고 포크로 으깨 페이스트를 만든다. 가늘고 길게 자른 칼아몬드를 넣고 섞어준다.

데커레이션 DÉCOR
식용 숯가루를 리큐어에 넣어 녹인다. 다 구워진 마카롱 코크를 오븐에서 꺼낸 뒤 바로 스텐실을 사용해 숯가루로 표면에 무늬를 찍어낸다.

조립하기 MONTAGE
지름 6mm 원형 깍지를 끼운 짤주머니에 오렌지 블러섬 크림을 채워 넣은 뒤 마카롱 코크의 평평한 면에 빙 둘러 짜 놓는다. 가운데 부분에는 대추야자 페이스트를 채워 넣는다. 다른 마카롱 코크를 샌드위치처럼 살짝 얹어준다. 냉장고에 최소 2시간 넣어둔다.

셰프의 조언

대추야자 페이스트를 블렌더로 갈면 허옇게 색이 변할 수 있으니 주의한다.

건포도 페이스트리 롤

PAINS AUX RAISINS SECS

12개분

준비
3시간

조리
15분

휴지
4시간

냉장
3시간

냉동
30분

발효
2시간

보관
24시간

도구
주방용 붓
푸드 프로세서
전동 스탠드 믹서
베이킹용 밀대
조리용 온도계

재료

**건포도 크렘
파티시에르**
블랙 건포도 100g
물 200g
우유 450g
달걀노른자 100g
설탕 70g
옥수수 전분 40g
럼 20g

크루아상 반죽
소금 6g
설탕 35g
밀가루(중력분) 150g
빵 전용 강력분 밀가루
(farine de gruau)
150g
제빵용 생이스트 12g
우유(전유) 144g
녹인 버터 60g
푀유타주용 저수분
버터 150g

시럽
물 100g
설탕 100g

건포도 크렘 파티시에르 CRÈME PÂTISSIÈRE AUX RAISINS

냄비에 물과 건포도를 넣고 끓을 때까지 가열한다. 불에서 내린 뒤 건포도를 통통하게 불린다. 건포도를 건져낸 뒤 우유 50g과 함께 푸드 프로세서에 넣고 갈아준다. 냄비에 나머지 우유와 간 건포도를 넣고 끓을 때까지 가열한다. 볼에 달걀노른자와 설탕, 옥수수 전분을 넣고 색이 뽀얗게 변할 때까지 거품기로 휘저어 섞는다. 여기에 냄비의 끓는 우유를 조금 붓고 잘 풀어 섞어준 다음 다시 냄비로 모두 옮겨 넣는다. 거품기로 계속 세게 저어주며 1분간 끓인다. 불에서 내린 뒤 럼을 넣고 섞어준다. 냉장고에 넣어 재빨리 식힌다.

크루아상 반죽 PÂTE À CROISSANT

따뜻하게 데운 우유와 녹인 버터를 볼에 넣고 섞어준다. 여기에 생이스트를 부수어 넣은 뒤 잘 저어 녹인다. 전동 스탠드 믹서 볼에 소금, 설탕, 밀가루, 이스트를 풀어둔 우유와 버터를 넣고 도우훅을 돌려 반죽한다. 혼합물에 약간의 탄력이 생길 때까지 약 7~8분간 반죽한다. 상온에서 30분간 발효시킨다. 반죽을 펀칭해 공기를 빼준 다음 20 x 15cm 직사각형으로 납작하게 펼쳐준다. 랩으로 씌워 냉장고에 1시간 동안 넣어둔다. 푀유타주용 저수분 버터를 10 x 15cm 직사각형으로 납작하게 만든 다음 반죽 위에 놓고 양끝을 중앙으로 접어 덮어준다. 밀대를 이용해 길이 40cm, 폭 15cm로 길게 밀어준 다음 3등분으로 접는다(3절 접기). 반죽을 오른쪽으로 90도 회전시킨다. 냉장고에 넣어 1시간 동안 휴지시킨다. 다시 반죽을 길게 민 다음 양쪽 끝을 각 ⅓, ⅔되는 지점으로 오도록 접어준다. 이것을 다시 반으로 한 번 더 접어준다(4절 접기). 냉장고에 넣어 1시간 동안 휴지시킨다. 반죽을 사방 40cm, 두께 5mm 정사각형으로 밀어준 다음 랩을 씌워 냉장고에 30분간 넣어둔다.

시럽 SIROP 1260

냄비에 설탕과 물을 넣고 끓여 시럽을 만든다.

조립하기 MONTAGE

정사각형으로 민 반죽 위에 건포도 크렘 파티시에르 250g을 발라준다. 이때 반죽 위쪽 면 2cm는 남겨둔다. 크림을 얹은 반죽을 김밥처럼 돌돌 말아준다. 마지막 남겨둔 2cm 공간에 물을 살짝 바른 뒤 꼼꼼히 붙여준다. 냉동실에 30분간 넣어둔다. 3.5cm 두께로 빵 반죽을 자른다. 28℃ 스팀 오븐에서 약 2시간 동안 발효시킨다(또는 불을 끈 일반 오븐 안에 끓는 물을 그릇에 담아 넣고 사용해도 좋다). 160℃ 오븐에서 15분간 굽는다. 오븐에서 꺼낸 빵 위에 시럽을 붓으로 발라준다.

셰프의 조언

빵을 굽고 난 다음 시럽을
바르기 전에 럼에 절인 건포도를
고루 얹어주어도 좋다.

건자두와 블러드 오렌지 소스 아귀 타진

TAJINE DE LOTTE AUX PRUNEAUX, BOUILLON D'ORANGE SANGUINE

4인분

준비
20분

조리
2시간 15분

보관
냉장고에서 2일

도구
솔
페어링 나이프
타진 용기

재료
당근 140g
감자 220g
미니 당근 6개
미니 순무 6개
유기농 펜넬 70g
흰 양파 120g
마늘 5g
올리브오일 15g
강판에 간 생강 2g
아니스 씨 1g
시나몬 가루 1g
스추안페퍼(화자오)
0.5g
강황 1.5g
큐민 1g
오렌지즙 700g
아귀 필레 400g
씨를 뺀 건자두 120g
생고수
아몬드 슬라이스
실고추

채소를 깨끗이 씻는다.

당근과 감자의 껍질을 벗긴다. 당근을 약 5cm 크기로 토막낸 다음 크기에 따라 세로로 이등분 또는 사등분한다. 감자는 크기에 따라 세로로 적당히 등분한 다음 페어링 나이프를 사용해 모서리를 둥글게 깎아 균일한 크기로 갸름하게 다듬어준다.

미니 당근과 미니 순무는 솔로 문질러 닦는다. 펜넬은 2cm 크기로 등분한다.

마늘과 양파의 껍질을 벗긴다. 마늘을 반으로 잘라 싹을 제거한다. 양파를 잘게 썬다.

소테팬에 올리브오일을 조금 두른 뒤 양파를 넣고 색이 나지 않게 볶는다. 마늘을 첨가한다. 이어서 생강, 아니스 씨, 시나몬 가루, 후추, 강황, 큐민을 넣고 볶다가 오렌지즙을 넣고 끓인다. 약하게 끓는 상태를 유지하며 1시간 정도 익힌 뒤 간을 맞춘다.

준비한 채소를 모두 넣고 뚜껑을 덮은 뒤 약불에서 1시간가량 익힌다. 칼끝으로 찔러 익힌 상태를 확인한다.

국물에서 채소를 건져내 바트에 담은 뒤 랩을 씌우고 플레이팅할 때까지 상온에 둔다.

아귀 살을 다듬어 준비한 다음 뜨거운 국물에 넣는다. 불에서 내린 뒤 씨를 뺀 건자두를 넣어준다. 100℃로 예열한 스팀 오븐에 넣고 8분간 익힌다(또는 뚜껑을 덮은 뒤 일반 오븐에 넣어 10분간 익힌다). 다 익으면 아귀 살을 꺼낸다.

생선이 너무 과도하게 익지 않도록 주의한다.

플레이팅 DRESSAGE
타진 용기 바닥에 채소를 보기좋게 배치한다. 아귀 살과 건자두를 올려 놓는다. 익힌 소스 국물을 부어준다. 타진 뚜껑을 덮은 다음 100℃ 오븐에 넣어 8분간 데운다. 얇게 저민 생아몬드 슬라이스와 고수잎, 실고추를 얹어 서빙한다.

건무화과 사블레 쿠키
SABLÉS DE RANDONNÉE À LA FIGUE SÉCHÉE

6인분

준비
1시간

냉장
30분

조리
12분

숙성
12분

보관
밀폐용기에 넣어 5일

도구
지름 6cm, 높이 1.5cm
타르트 링 6개
핸드블렌더
짤주머니
푸드 프로세서
전동 스탠드 믹서
L자 스패출러
실리콘 패드
조리용 온도계
아이스크림 메이커

재료

사블레 브르통
버터(상온의 포마드
상태) 247g
설탕 210g
대추야자 시럽
(mélasse de dattes)
20g
달걀노른자 127g
밀가루(T45) 353g
베이킹파우더 14g
소금(플뢰르 드 셀) 3g
레몬 제스트 8g
레몬 콩피 30g
호박씨 30g
건무화과 150g

호박씨 프랄리네
속껍질을 벗긴 아몬드
(p.30 참조) 34g
호박씨 135g
설탕 112g
바닐라 빈 1줄기
소금(플뢰르 드 셀) 3g

무화과 캐러멜
설탕 70g
글루코스 시럽 70g
액상 생크림(유지방
35%) 60g
무화과 퓌레 50g
버터 32g
소금(플뢰르 드 셀) 2g

완성 재료
건무화과

사블레 브르통 SABLÉ BRETON
전동 스탠드 믹서 볼에 버터, 설탕, 대추야자 시럽을 넣고 플랫비터를 돌려 부드럽게 섞어준다. 달걀노른자를 넣고 섞는다. 밀가루, 베이킹파우더, 소금, 레몬 제스트를 넣고 균일한 반죽이 되도록 섞어준다. 2mm 크기로 잘게 깍둑 썬 레몬 콩피, 굵직하게 다진 호박씨, 얇게 저민 건무화과를 넣고 속도 2로 살살 섞어준다. 냉장고에 30분간 넣어둔다. 실리콘 패드를 깐 오븐팬 위에 쿠키용 링 6개를 놓는다. 반죽 혼합물을 6등분으로 나눈 뒤 링 안에 각각 채워 넣고 약 1.5cm 두께로 살짝 눌러준다. 170℃로 예열한 오븐에 넣어 노릇한 색이 날 때까지 약 12분간 굽는다. 오븐에서 꺼낸 다음 링 안에 그대로 둔 채로 완전히 식힌다.

호박씨 프랄리네 PRALINÉ AUX GRAINES DE COURGES
유산지를 깐 오븐팬 위에 아몬드와 호박씨를 펼쳐 놓고 150℃ 오븐에서 10분간 로스팅한다. 냄비에 설탕을 넣고 중불로 가열해 캐러멜을 만든다. 캐러멜이 황금색을 띠면 불에서 내린 뒤 구운 아몬드와 호박씨에 부어준다. 식힌다. 모두 푸드 프로세서에 넣고 갈아준 다음 길게 갈라 긁은 바닐라 빈 가루와 소금을 넣고 잘 섞는다.

무화과 캐러멜 CARAMEL À LA FIGUE
냄비에 설탕과 글루코스 시럽을 넣고 끓여 캐러멜을 만든다. 다른 냄비에 생크림과 무화과 퓌레를 넣고 끓인다. 캐러멜에 버터를 넣고 섞은 뒤 끓인 생크림, 무화과 퓌레 혼합물, 소금을 넣어준다. 109℃까지 끓인 뒤 볼에 덜어낸다. 랩을 밀착시켜 덮은 뒤 식힌다. 냉장고에 보관한다.

조립하기 MONTAGE
사블레 쿠키의 링을 제거한 다음 호박씨 프랄리네와 무화과 캐러멜을 각각 짤주머니로 고루 짜 얹는다. 얇게 썬 건무화과를 보기 좋게 배치한다.

건살구 파운드케이크
CAKES AUX ABRICOTS SECS

6인분

준비
1시간

조리
40분

보관
건냉한 장소에서 5일

도구
거품기
주방용 붓
블렌더
파운드케이크 틀
(16 x 8cm)
짤주머니 + 지름
10mm, 12mm
원형 깍지
주걱
체

재료

건살구 마멀레이드
물 50g
건살구 43g
살구 퓌레 70g

파운드케이크 혼합물
달걀 134g
설탕 134g
버터(상온의 포마드
상태) 134g
밀가루 50g
커스터드 분말 22g
베이킹파우더 2g
아몬드 가루 91g
건살구 마멀레이드 56g
건살구 40g

아몬드 다쿠아즈
달걀흰자 100g
설탕 62g
아몬드 가루 99g
슈거파우더 37g
밀가루 20g

조립하기
아몬드 슬라이스 20g
살구 나파주 30g
살구 콩피

건살구 마멀레이드 MARMELADE D'ABRICOTS SECS
건살구를 물에 담근 뒤 전자레인지에 1분간 돌려 말랑하게 풀어준다. 불린 건살구를 건져낸 다음 살구 퓌레와 함께 블렌더로 갈아준다. 조립할 때까지 냉장고에 보관한다.

파운드케이크 혼합물 APPAREIL À CAKE
볼에 상온의 달걀과 설탕을 넣고 뽀얗게 될 때까지 거품기로 휘저어 섞는다. 상온의 포마드 버터를 넣고 잘 섞는다. 가루 재료를 모두 합한 뒤 혼합물에 넣고 섞어준다. 건살구 마멀레이드와 잘게 깍둑 썬 건살구를 넣고 섞어준다. 조립할 때까지 냉장고에 보관한다.

아몬드 다쿠아즈 DACQUOISE AMANDES
믹싱볼에 달걀흰자를 넣고 설탕을 넣어가며 거품기를 돌려 휘핑한다. 가루 재료를 모두 함께 체에 친 다음 거품 올린 달걀흰자에 넣고 알뜰 주걱으로 잘 섞어준다. 지름 12mm 원형 깍지를 끼운 짤주머니에 혼합물을 채워 넣는다.

조립하기 MONTAGE
파운드케이크 틀 안쪽에 버터를 바른 뒤 아몬드 슬라이스를 줄 맞춰 깔아 바닥과 내벽을 모두 꼼꼼히 채워준다. 냉동실에 10분 또는 냉장고에 20분간 넣어둔다. 아몬드 다쿠아즈 혼합물을 틀 바닥과 내벽의 아몬드 켜 위에 짜 놓는다. 중앙에 파운드케이크 혼합물을 부어 채운다. 180℃로 예열한 오븐에 넣어 4분간 굽는다. 오븐의 온도를 160℃로 낮춘 뒤 틀 위에 유산지와 그릴 망을 얹고 30분간 더 굽는다. 파운드케이크가 상온으로 식은 뒤 틀에서 꺼낸다. 양쪽 끝을 깔끔하게 잘라낸다. 살구 나파주를 양쪽 옆면과 윗면에 끼얹어 덮는다. 지름 10mm 원형 깍지를 끼운 짤주머니를 이용해 건살구 마멀레이드를 케이크 윗면에 길게 튜브 모양으로 짜 얹는다. 살구 콩피를 몇 조각 얹어 장식한다.

크렘 당주 구기자 볼
CRÉMET D'ANJOU AUX BAIES DE GOJI

4인분

준비
30분

휴지
12시간

냉장
3시간

보관
조립할 때까지
냉장고에서 2일

도구
전동 믹서
고운 거즈 천
지름 6cm 반구형 타공
틀(또는 치즈 물빼기용
타공 용기) 4개

재료

크렘 당주
액상 생크림(유지방
35%) 100g
설탕 7.5g
바닐라 빈 1줄기
달걀흰자 20g
고운 소금 0.5g

구기자
구기자 70g
착즙 오렌지 주스 90g

완성 재료
볶은 참깨 20g
미니 크레스 잎

구기자 BAIES DE GOJI
하루 전, 구기자를 오렌지주스에 담근 뒤 냉장고에 넣어 불린다. 구기자가 주스를 모두 흡수하면 조금 더 첨가해준다.

크렘 당주 CRÉMET D'ANJOU
믹싱볼에 생크림과 설탕, 길게 갈라 긁은 바닐라 빈 가루를 넣고 거품기를 돌려 단단하게 휘핑한다. 다른 볼에 달걀흰자를 넣고 단단하게 거품을 낸 다음 휘핑한 생크림에 넣고 섞는다. 구멍이 뚫린 반구형 틀에 고운 거즈 천을 댄 다음 무스 혼합물을 채운다. 거즈 천을 오므려 덮어준 다음 냉장고에 최소 3시간 동안 넣어둔다.

플레이팅 MONTAGE
서빙용 볼에 구기자를 3테이블스푼씩 담는다. 크렘 당주를 거즈 천에서 조심스럽게 떼어낸 뒤 구기자 위에 올린다. 볶은 참깨를 크림 위에 뿌려준 다음 크레스 잎을 얹어 장식한다.

부록
ANNEXES

유익한 정보

젤라틴 GÉLATINE

무색, 무취, 무미의 이 식품 첨가물은 동물성 또는 식물성 원료로 만들어진다. 판형으로 된 것을 찬물에 불리거나 가루 제형에 물을 적신 뒤 뜨거운 액체에 넣고 녹여 사용한다. 젤라틴은 너무 높은 온도로 가열하면 겔성이 사라질 수 있으니 주의한다. 젤라틴은 식품을 걸쭉하게 만들어 더 단단한 농도를 만들어주고, 크림에 점도를 더해주기도 하며 아이스크림을 만들 때 안정제 역할을 하기도 한다.
젤라틴의 겔 강도는 블룸(bloom)으로 표시된다. 숫자가 높을수록 겔 강도가 강하며, 겔 강도에 따라 골드, 실버, 브론즈로 분류된다.

판 젤라틴 Gélatine en feuilles

일반적으로 판 젤라틴 1장의 무게는 2g이다. 판 젤라틴은 넉넉한 양의 찬물(젤라틴은 딱 필요한 양의 물만 흡수한다)에 담근 뒤 최소 20~30분간 불려 사용한다(시간 여유가 있으면 12시간 불리는 것이 가장 좋다). 뜨거운 액체에 넣기 전, 불린 젤라틴의 물기를 꼭 짜준다.

가루 젤라틴 Gélatine en poudre

가루형 젤라틴은 사용하기 1시간 전 가루 용량 7배에 해당하는 찬물에 넣어 녹인다. 예를 들어 젤라틴 가루 10g의 경우 70g의 물이 필요하다. 이렇게 물과 섞어두면 80g의 젤라틴 매스(masse gélatine)을 얻을 수 있다.

브릭스 당도 DEGRÉS BRIX

브릭스는 굴절측정계의 단위로 용액 안의 건조 추출물(주로 슈크로스)의 비율을 나타낸다. 브릭스 당도는 꿀, 즐레, 과일 젤리, 과일 시럽 등을 만들 때 유용한 지표가 된다. 이러한 제품들을 만들 때는 다음 사항을 고려해야 한다.
• 과일에 함유된 천연 당의 비율
• 추가한 설탕의 양
• 익히면서 손실되는 수분의 양

잼

과일의 천연 당도를 측정하기 위해서는 조리 전에 해당 과일의 즙한 방울 또는 과육(껍질을 까고 손질한 후)을 측정계에 놓으면 된다. 일반적으로 과일의 천연 당도는 20% 이하이다.
• 딸기 : 8~10%
• 포도 : 15~20%
• 사과 : 12~17%
• 체리 : 12~17%
• 복숭아 : 10~15%

과일 자체가 갖고 있는 이 당도를 고려해 첨가할 설탕의 양을 정하는 것이 중요하다. 시중에 판매되고 있는 과일 퓌레 제품들은 약 10%의 설탕이 첨가된 상태이다.

규정에 따르면 과일 이름을 붙인 잼 제품으로 인정받으려면 최소 해당 과일 35%(extra 등급의 경우는 45%)를 함유하고 있어야 하며 조리 후 제품의 설탕 함유량이 최소 55%(과일 자체의 당도 + 첨가한 설탕)가 되어야 한다. 하지만 일반적으로 설탕 비율이 60~65%가 되어야 보존 및 안정적 농도 유지가 더 쉬워진다.

잼 안의 건조 추출물(extrait sec) 양을 계산하는 방법
(과일 자체의 건조 추출물 비율 10% 기준)

과일 1000g, 설탕 1000g
• **과일의 건조 추출물**
  과일 1000g x 0.10 = 100g
• **조리하기 전 총량**
  건조 추출물을 제외한 과일 900g + 설탕 1000g + 과일 안의 건조 추출물 100g = 2000g
• **건조 추출물 비율**
  1100g ÷ 2000g = 0.55 (55°Brix)

잼 등을 조리하는 동안 수분의 일부가 증발하기 때문에 잼 안의 당도가 높아진다. 수분이 증발하면서 과일에 따라 양이 전체적으로 약 20~30%가 줄어든다.

수분의 감소는 잼을 익히는 시간과 방법에 따라 달라진다. 설탕을 적게 넣을수록 안전한 보존에 적합한 브릭스 당도에 이르기 위해서는 긴 시간 동안 조리해야 한다. 하지만 오래 끓일수록 잼 안에 함유된 효소로 인해 굳어지는 강도가 세진다.

잼의 수소 이온 농도는 약 pH3.5가 되어야 한다. 레몬즙(또는 주석산)을 추가하면 펙틴의 작용을 더 활성화할 수 있다. 산은 또한 잼의 단맛을 줄이는 데도 효과가 있다.

• 딸기잼 : 55~62°Brix
• 오렌지 마멀레이드 : 63°Brix
• 마르멜로 즐레 : 70°Brix
• 살구 패션프루트 젤리 : 76~78°Brix

* 만드는 방법은 테크닉 페이지 참조

테크닉
찾아보기

감사의 말

조리 도구와 집기를 협찬해주신 Marine Mora와 Matfer Bourgeat 그룹에
감사를 전합니다.

www.matferbourgeat.com
www.mora.fr

Printed in Korea 2023 par Esoope(Paju)